Die „Monographien zum Pflanzenschutz"

behandeln in einzelnen Heften tierische und pflanzliche Schädlinge, nichtparasitäre Krankheiten und allgemeine Fragen der Pflanzenschutzforschung. Ihre Entstehung geht von der Tatsache aus, daß der Raum der Handbücher bei dem heutigen Umfange der Forschung für eine ausreichende Behandlung gerade der wichtigsten Gegenstände zu eng geworden ist, während die Einzeltatsachen so zahlreich und in der Zeitschriftenliteratur so weit zerstreut sind, daß es unmöglich ist, sie bei Bedarf in kurzer Zeit herauszufinden.

Daher sollen die „Monographien" die notwendige Sammelarbeit in Abhandlungen leisten, die von Spezialforschern nach einheitlichem Plane ausgeführt sind. Sie sollen sowohl erschöpfende Auskunft auf besondere Fragen geben, wie auch als Grundlage für die weitere Forschungsarbeit dienen, indem sie die bisherigen Kenntnisse nach der Gesamtliteratur wiedergeben und etwaige Lücken in ihnen aufzeigen.

Aus diesen Richtlinien ergibt es sich von selbst, daß die Darstellung neben der biologischen Beschreibung auch die unmittelbar praktischen Fragen der Vorbeugung und Bekämpfung von Schäden in gleich gründlicher Weise berücksichtigen wird. Die Monographien wenden sich daher nicht nur an die beruflich im Pflanzenschutzdienst und im Unterricht Tätigen, sondern auch an die weiteren Kreise der Praktiker und wollen damit der wissenschaftlichen Forschung ebenso wie der praktischen Förderung des Pflanzenschutzes dienen.

Herausgeber und Verlag.

Monographien zum Pflanzenschutz
Herausgegeben von Professor Dr. H. Morstatt · Berlin-Dahlem
6

Der linierte Graurüßler oder Blattrandkäfer

Sitona lineata L.

Von

Dr. K. Th. Andersen
a. o. Hochschulprofessor, Vorstand des Zoologischen Instituts Weihenstephan der Technischen Hochschule München

Mit 40 Abbildungen

Berlin
Verlag von Julius Springer
1931

ISBN-13: 978-3-7091-9567-3 e-ISBN-13: 978-3-7091-9814-8
DOI: 10.1007/978-3-7091-9814-8

Meinem hochverehrten Lehrer

Geheimen Rat Prof. Dr. Albert Fleischmann

in Dankbarkeit gewidmet

Meinem [illegible] Lehrer

[illegible] Prof. Dr. Alfred [illegible]

in Dankbarkeit gewidmet

Vorwort.

Die Veranlassung, mich eingehender mit dem linierten Graurüßler (Sitona lineata L.) zu befassen, war der Umstand, daß dieser Käfer alle Frühjahre die Erbsen- und Pferdebohnensaaten der Versuchsfelder der Anstalt für Pflanzenbau und Pflanzenzucht Weihenstephan der Technischen Hochschule München und die der Bayerischen Landessaatzuchtanstalt in Weihenstephan mehr oder weniger stark schädigte. Beim Studium des Schrifttums merkte ich bald, daß über die Lebensgeschichte des Käfers in wichtigen Punkten noch völlige Unklarheit herrscht, so über die Generationsfolge und die Zeit des Fraßes, abgesehen davon, daß Fragen, die neuerdings in der Lebensgeschichte eines wirtschaftlich wichtigen Insekts interessieren und die die Beziehungen der Lebewesen zu ihrer Umwelt vor allem zahlen- und womöglich gesetzmäßig zu fassen versuchen, überhaupt noch nicht berührt worden sind. Bald beobachtete ich ferner, daß dieser Käfer sich als Versuchstier zur Bearbeitung allgemein biologischer Fragestellungen eignet. Das alles bewirkte, daß ich mich seit dem Frühjahr 1927 eingehend mit diesem Graurüßler befaßte. So darf ich die vorliegende Arbeit als den Niederschlag eines vierjährigen Studiums des linierten Graurüßlers bezeichnen. Ich bin dadurch nicht nur imstande gewesen, viele Angaben der Literatur kritisch beurteilen zu können, sondern das Wissen über diesen Schädling eingehend zu erweitern.

Es ist auffallend, wie wenig ausführlich der linierte Graurüßler im deutschen Schrifttum bisher behandelt worden ist, obwohl er in vielen Gegenden Deutschlands an landwirtschaftlich wichtigen Hülsenfrüchten fast alljährlich großen Schaden anrichtet. Diese Lücke nach Möglichkeit auszufüllen, soll eine weitere Aufgabe vorliegender Arbeit sein.

Weihenstephan, Zool. Institut, im März 1931.

Dr. Karl Andersen.

Inhaltsverzeichnis.

Seite

I. Einleitung 1

II. Name und systematische Stellung 3

Synonyme und Varietäten 4

III. Nährpflanzen 5

IV. Geographische Verbreitung 8

V. Beschreibung des Käfers und seiner Entwicklungsstufen 10

A. Der Käfer 10

1. Größe 11
2. Gewicht 11
3. Farbe 11
4. Skulpturen, Beschuppung und Behaarung 11
5. Gestalt 13
   a) Kopf 13
   b) Brust 14
   c) Abdomen 15
   d) Körperanhänge 15
   e) Unterscheidungsmerkmale zwischen Männchen und Weibchen 19
6. Fortpflanzungsorgane 20
   a) Männliche 21
   b) Weibliche 23
7. Der Darmkanal 25

B. Das Ei 29

C. Die Larve 31

D. Die Puppe 34

VI. Biologie 37

Allgemeines 37

Zucht 38

A. Der Käfer 38

1. Lebensdauer 38
2. Ernährung 38
3. Überwinterung 42
4. Flug 43
5. Laufen 43
6. Totstellreflex 44
7. Verbergen 44
8. Temperaturabhängigkeit 44
   a) Aktivitätsversuche 44
   b) Vorzugstemperatur und Schrecktemperatur 45
   c) Laufgeschwindigkeit 45
9. Begattung 45
10. Eiablage 47

Seite

B. Die Larve 51
1. Ernährung 51
2. Vorkommen 52
C. Die Puppe 53
VII. Entwicklung 53
A. Embryonalentwicklung 53
1. Abhängigkeit von der Temperatur 54
2. Einfluß der Feuchtigkeit 54
3. Mortalität 56
4. Verfärbung 57
5. Schlüpfen 57
B. Dauer und Zeit des Larven- und Puppenstadiums 57
1. Larvenzeit 57
2. Puppenzeit 58
3. Jahreszeitliche Verteilung 58
C. Generationenfrage 59
VIII. Feinde und Parasiten 60
A. Feinde 61
Vögel 61
Larve des Aeolothrips fasciatus L. 61
B. Parasiten 61
1. Pflanzliche 61
2. Tierische 62
Außenschmarotzer 62
Innenschmarotzer 62
Biologie des Dinocampus rutilus Nees 63
IX. Welche Umstände verhüten eine Übervermehrung? 66
X. Schaden der Käfer und wovon seine Größe abhängt 69
XI. Schaden der Larven 76
XII. Bekämpfung und Abwehr 76
A. Technische Bekämpfungsmaßnahmen 77
1. Mechanische Methoden 77
2. Chemische Mittel 77
a) Spritzmittel 78
b) Stäubmittel 79
c) Eigene Versuche 80
B. Kulturmaßnahmen 81
Schriftenverzeichnis 83

D. [illegible]
[illegible]
[illegible]

VII. Erkrankungen [illegible]
A. [illegible] 58
1. [illegible]
2. [illegible]
3. [illegible]
4. [illegible]
5. [illegible]
B. [illegible]
1. [illegible]
2. [illegible]
[illegible]
[illegible]

VIII. [illegible]
A. [illegible]
[illegible]
[illegible]
B. [illegible]
[illegible]
[illegible]
[illegible]
[illegible]
[illegible]

IX. [illegible] 60

X. [illegible]

XI. [illegible]

XII. [illegible]
A. [illegible]
[illegible]
[illegible]
[illegible]
[illegible] 80
B. [illegible] 81

[illegible]

I. Einleitung.

Die Blätter der Schmetterlingsblütler (Leguminosen) werden häufig vom Rande her kerbartig angefressen. Die Übeltäter sind Angehörige der Gattung Graurüßler (*Sitona* Germ.). E. Reitter (1916) zählt in seiner Fauna germanica 20 verschiedene Arten auf, die alle in Deutschland vorkommen. Davon ist die Hälfte häufig und allgemein verbreitet. So weit sie an Kulturpflanzen, vor allem Erbsen, Bohnen, Luzernen, Wicken und Klee fressen, sind sie als Schädlinge zu bezeichnen. Weitaus am schädlichsten ist der linierte Graurüßler (*Sitona lineata* L.), da er nicht bloß an allen genannten Pflanzen frißt, zu den größeren und gefräßigeren Arten der Gattung zählt, sondern auch überall am zahlreichsten vorkommt. Wenn vom „Blattrandkäfer" an Bohnen und Erbsen die Rede ist, dann darf man mit großer Sicherheit annehmen, daß es der linierte Graurüßler gewesen ist. Aus diesem Grunde ist er der bis jetzt am genauesten bekannte Vertreter seiner Gattung, dessen Lebensgeschichte auch am besten aufgeklärt ist.

C. Linné beschreibt in seiner Fauna Suecica (1761) den linierten Graurüßler auf S. 183 zum ersten Male als *Curculio lineatus*. Über das Vorkommen berichtet er kurz, daß er sich häufig in Gärten und auf Feldern findet. A. G. Olivier (1807) nennt ihn *Charanson linéé* (*Curculio lineatus*) und bemerkt, daß er sich in ganz Europa auf verschiedenen Blumen findet und daß er in Paris im April und Mai sehr häufig ist. Die übrigen Entomologen bringen nur systematische Angaben. Über Verbreitung und Schaden finden wir bei ihnen nichts. Mit dem Käfer als wichtigen Schädling hat sich zum ersten Male J. Curtis eingehender befaßt. In seinem mit sehr guten Abbildungen ausgestatteten Buch Farm Insects, London 1860, das heute noch lesenswert ist und eine bewundernswerte Beobachtungsgabe verrät, beschreibt er auf S. 342—348 ausführlich und treffend den Schaden, den der Käfer vor allem an Erbsen, Bohnen, Klee und Luzerne anrichtet, schildert, wenn auch lückenhaft, so doch im großen und ganzen richtig, das Leben der Käfer und beschreibt eingehend ihr Aussehen und ihren Körperbau. Neben *Sitona lineata* behandelt er den häufig mit ihm vergesellschafteten *Sitona crinita*. Über Eiablage, Larven- und Puppenstadium kann er keine Angaben machen. Er bemerkt zwar, daß ein Gewährsmann (Spence) an den Wurzeln der Bohnen Anschwellungen (galls) beobachtet habe, die er für die Nester der Larven von

Curculio lineatus oder verwandter Arten halte, er selbst konnte aber keine solchen entdecken. Dagegen gibt CURTIS bereits Vorschläge zur Bekämpfung dieser Schädlinge. In Deutschland wird der Käfer in dem Handbuch der Zoologie von E. PH. DÖBNER (1862), das besonders die land- und forstwirtschaftlich interessanten Tiere berücksichtigt, als Schädling der Hülsenfrüchtler erwähnt und sein Aussehen kurz beschrieben. G. KÜNSTLER (1871) behandelt in seinem Büchlein: „Die unseren Kulturpflanzen schädlichen Insekten" ganz allgemein die Angehören der Gattung Sitones als Schädlinge, insbesondere der jungen Erbsen-, Bohnen-, Kleepflanzen und anderer Schmetterlingsblütler. Neues bringt er nicht herbei. Etwas ausführlicher befaßt sich E. L. TASCHENBERG (1879) in seiner „Einführung in die Insektenkunde" mit der Gattung der Graurüßler und besonders mit dem linierten Graurüßler, doch kann auch er keine neuen Angaben, z. B. über die Entwicklungsgeschichte, machen. Das einzige, was er über die Larven aussagt, daß sie sich in einem weitmaschigen Gespinst an Pflanzen verpuppen, ist grundfalsch. Die Larven und Puppen unseres Käfers wurden erst 1882 von HART entdeckt. Er erwähnt bereits, daß die Larven augenscheinlich die Wurzelknöllchen als Nahrung bevorzugen und weist auch darauf hin, daß bereits J. CURTIS nahe daran war, die Larven zu entdecken, als er die Bohnenwurzeln nach Knöllchen untersuchte. Wahrscheinlich, meint er, war es aber noch zu früh im Jahre. Im Anschluß an die Arbeit HARTS bringt E. A. ORMEROD eine Anmerkung, in der sie über das Aussehen der Eier und ihre Ablage in der Gefangenschaft im Freien berichtet.

Es ist kein Zufall, daß auch weiterhin englische Autoren (s. E. A. ORMERODS Reports of Injurious Insects von 1878—1892) neben dänischen in erster Linie immer wieder Beobachtungen über das Auftreten und die Lebensgeschichte von *Sitona lineata* bringen, dürfte doch gerade in England und Dänemark dieser Schädling am ärgsten wüten. So schreibt M. A. FOWLER (1891) von ihm, daß er auf den verschiedenen Schmetterlingsblütlern Klee, Wicken, Erbsen usw. nur zu häufig und durch das ganze Königreich allgemein verbreitet ist. Es sei schwer, einen Platz zu finden, wo dieser Schädling vom ersten Frühjahr bis in den Spätherbst hinein nicht hause. Auch die neueste umfangreichere Arbeit über den Käfer stammt aus der Feder einer Engländerin. D. J. JACKSON (1920) beschreibt an Hand guter Abbildungen nicht nur die einzelnen Entwicklungsstadien, sondern bringt auch eine ziemlich eingehende Lebensschilderung und Beschreibung der Fortpflanzungsorgane.

Seit der Schaffung von Pflanzenschutzstationen in verschiedenen europäischen Staaten finden wir auch in deren Berichten häufig den Blattrandkäfer erwähnt. Wenn darin auch meist nur kurz mitgeteilt wird, daß er da und dort in einem bestimmten Jahr als Schädling an diesen oder jenen Pflanzen aufgetreten ist, so können wir daraus doch im Laufe der Jahre wichtige Rückschlüsse über sein Verbreitungsgebiet als Schädling und über die Bedingungen, die zu starken Schädigungen führen, schließen.

II. Name und systematische Stellung.

Der Käfer wurde zuerst von C. LINNÉ (1761) in seiner Fauna suecica (S. 183) als *Curculio lineatus*[1] beschrieben. E. F. GERMAR bildete dann 1824 die Gattung *Sitona* und nannte den Käfer *Sitona lineatus*. Auch C. J. SCHOENHERR führte ihn in seiner Synonymia Insectorum II part I (1834) als *Sitona lineatus* auf, bildete aber im VI. Band (1840) das Genus Sitones. J. WALTON (1846), der übrigens die Einteilung der Gattung in drei Gruppen nach dem Grad des Hervortretens der Augen von SCHOENHERR übernommen hat, behält zwar den von GERMAR geschaffenen Gattungsnamen bei, nennt die Art aber *Sitona lineata* LINN. Allmählich aber bürgert sich *Sitones lineatus* L. ein und bleibt bis in die jüngste Zeit. E. REITTER (1916) nennt die Gattung wieder *Sitona* GERM. und die Art *Sitona lineatus* LINN. D. J. JACKSON verwendet 1920 noch die Bezeichnung *Sitones lineatus*, ändert sie aber auf Grund der Priorität 1922 in *Sitona lineata* L. um. Dieser alte Name hat sich inzwischen wieder eingeführt und wird auch unter anderem von R. KLEINE in der 4. Auflage (1928) des Handbuches der Pflanzenkrankheiten gebraucht und soll auch hier beibehalten werden.

Die deutsche Bezeichnung heißt linierter Graurüßler, die Gattung Graurüßler oder Graurüsselkäfer. Häufig wird auch von ihm als vom Blattrandkäfer oder Blattrandrüsselkäfer gesprochen. Genauer müßte man ihn eigentlich linierten Blattrandkäfer nennen, denn alle Vertreter der Gattung *Sitona* benagen die Blattränder. Da er aber der häufigste und schädlichste seiner Gattung ist, so darf man in den meisten Fällen annehmen, daß, wenn vom Blattrandkäfer die Rede ist, *Sitona lineata* gemeint ist. Im Französischen nennt ihn OLIVIER (1807) *Charanson linéé*. Im Englischen heißt er striped Pea-weevil (J. CURTIS 1860), meist aber Pea- weevil schlechthin. Die Schweden nennen ihn Ärtviveln.

Die systematische Stellung ergibt folgendes Bild (nach E. REITTER, Fauna germ. V, 1916):

2. (68.) Familie: *Curculionidae* (Rüsselkäfer).

[1] 630. Curculio lineatus brevirostris griseus, thorace tribus striis pallidioribus. Fn. 450. Habitat in hortis & pratis frequens. Descr. Pediculo duplo major. Corpus totum griseum. Antennarum infimus articulus rufescens. Thorax lateribus & dorso niger, intra quam nigredinem color griseus striarum instar ducitur, unica linea in tergo, & dein unica in utroque latere, hinc thorax quasi fuscus lineis tribus longitudinalibus pallidis s. cinereis exaratus. Oculi nigri. Elytra cinerea, singula striis 4 exarata. Rostrum breve, extra antennas brevissimum & fere nullum.

2. Unterfamilie: *Brachyderinae.*

Tribus: *Sitonini*, mit zwei Gattungen:

Sitona GERM.

Mesagroicus SCHOENH. (nicht in Deutschland).

Die Gattung *Sitona* wird von REITTER in elf Gruppen eingeteilt. Zur 5. Gruppe: *Eciliati* zählen die Arten *S. lineatus* LIN. und *S. suturalis* STEPH.

C. I. SCHOENHERR (1840) teilt die Gattung *Sitona* in drei Gruppen ein:

1. Gruppe: mit hervorstehenden, ziemlich gewölbten Augen.
2. Gruppe: mit wenig gewölbten Augen. Hierher *S. lineata.*
3. Gruppe: mit nicht hervortretenden, kaum gewölbten Augen.

Diese Einteilung benützt auch J. WALTON (1846) und andere.

Man unterscheidet Varietäten, die sich vor allem durch die Stärke und Farbe der Beschuppung und Behaarung unterscheiden. Verschiedene Autoren haben die Varietäten als eigene Arten benannt, so daß eine ziemliche Anzahl synonymer Bezeichnungen entstanden ist.

Synonyme und Varietäten.

1. GERMAR (1824), S. 416: *Curc. lineatus* LINN., FAB., CLAIRV., DEG., OLIV.
   b. var *Curc. lineatus* 1. 2. PAYK., GYLL., MSH., *caninus* FAB.
   c. var. *Curc. lineatus* var. 3. PAYK., GYLL.
2. SCHOENHERR (1834): *Curculio lineatus*, L.
   ,, *squamosus*, L.
   ,, *intersectus*, FOURER (wird bereits von OLIVIER [1807) als Synonym aufgeführt).
   Var. β *Paulo major*, thoracae elytrisque ochraceo-lineatis. Patria: Gallia.
   ,, γ *Elytra fusco-cinerea*, in basi suturae lineola abbreviata albidior, et alia ejus modi versus humerum utrinque.
   Dazu *Curculio caninus* FABR.
   ,, δ *Totus niger*, squamulis nempe detritis.
   Dazu: *Curculio chloropus*, LINN.
   ,, *ruficlavis*, MARSH.
3. WALTON (1846): *Curculio lineatus*, FAB., MARSH., GYLL., KIRB., MSS.
   ,, *ruficlavis*, MARSH.
   ,, *griseus*, MARSH., non FAB. Varietäten.
   ,, ,, (var.), KIRB., MSS.
4. ALLARD, E. (1864): *Sitones alternans* ZIEGL.
   ,, *campestris.*
   Var. β = Var. γ von SCHOENHERR.
   ,, γ = corpus magis cylindricum, prothorace in medio non posterius latiori; squamulis aliter coloratis fere semper cinereo-griseis, vel albis, pilis minimis numerosis immixtis.
   Sitones geniculatus SCHH.
   ,, *pisi* STEPH.
   ,, *humilis* STURM.
   ,, *rotundicollis* CHEV.
   ,, *angustata, S. cribricollis, viridirostris elongatulus* MOTSCH.

Var. δ Corpus squamositas et pubescentia ut in var. γ, at squamulis et pilis albidioribus et laete viridi rostri apice.
Sitones viridifrons MOTSCH.

5. E. REITTER (1916): Var. *stricticollis* DESBR. Haare der Flügeldecken zahlreicher und deutlicher, Beschuppung vermindert.
Var. *oculatus* DESBR. Augen stark gewölbt, Augenwimpern deutlicher, Halsschild fast in der Mitte am breitesten, Deckenschuppen metallisch glänzend, Zwischenhärchen wenig sichtbar.
Sitona geniculatus F.
„ *viridifrons* MOTSCH.

III. Nährpflanzen.

Als Nährpflanzen kommen verschiedene Schmetterlingsblütler in Betracht: Erbsen, sowohl die Saat- oder Garten- und Speiseerbse (*Pisum sativum*) als auch die Felderbse (*Pisum arvense*), dazu gehört auch die graue Futtererbse oder Peluschke; Pferdebohne (*Vicia Faba*); Saatwicke (*Vicia sativa*); Steinklee (*Melilotus albus*); Luzerne (*Medicago sativa*); Gelbklee (*Medicago lupulina*), alle Klee- (*Trifolium-*) Arten, vor allem Rotklee (*Trifolium pratense*); wilde Wicken. Neben diesen Hauptnährpflanzen werden noch genannt Linsen: in Deutschland (Anhalt) von H. PAPE u. H. SACHTLEBEN (1922), H. CREBERT (1928) und in Rußland (Wolhynien) von KSENJOPOLSKY (1914), (Distrikt Charkow) von V. G. AVERIN, V. P. GALKOV u. E. E. MALIK 1914); Platterbse (*Lathyrus*) H. CREBERT (1918); Riecherbse (*Lathyrus odoratus*) in Finnland E. REUTER (1899); Edelwicken in Deutschland K. REICHELT (1924); Sojabohne (*Glycina hispida*); Buschbohne und Stangenbohne K. REICHELT (1924).

Die Käfer fressen aber nicht alle genannten Arten gleich gern, wie Beobachtungen im Freien zeigten. Um die Zufälligkeiten, die hier oft eine Rolle spielen, daß z. B. gerade diese und keine andere Futterpflanze in der Nähe wächst, auszuschalten, haben wir Fütterungsversuche angestellt. Es wurden den in Glasschalen eingezwingerten Tieren Futterpflanzen zur Auswahl gereicht. Die Versuche hatten folgendes Ergebnis:

Am liebsten werden die Blätter von Erbsen, Pferdebohnen und der Saatwicke gefressen. Von den drei Arten kann man im Versuch keine auffallendere Bevorzugung einer oder zweier feststellen. Ihre Blätter waren immer alle drei angenagt und meistens ungefähr gleich stark. Eine Beobachtung im Freien würde fast für eine Bevorzung der Saatwicke sprechen. In der bayerischen Saatzuchtanstalt in Weihenstephan war ein Feld mit Halmfrucht und gewöhnlicher Saatwicke bestellt. Nicht weit entfernt stand auf einem andern ein Gemisch von Bohnen und Erbsen. Die Saatwickenpflanzen zeigten sich stärker zerfressen als die Bohnen und Erbsen. Daraus zu schließen, daß die Saatwicken stärker als Bohnen und Erbsen befallen und diesen gegenüber bevorzugt werden, ist unberechtigt, denn auf dem ersten Felde standen die Nährpflanzen (Saatwicke) des Rüßlers viel weniger dicht als auf dem zweiten. Ferner spielen bei der Stärke des Fraßes und der Wahl der Nährpflanzen eine Reihe anderer Umstände noch mit, wie später gezeigt werden soll, nicht bloß der Grad der Schmackhaftigkeit einer Pflanze.

Interessant war das Verhalten der Käfer gegenüber den verschiedenen Kleearten. Vor allem zeigte sich, daß sie alle Kleearten so gut wie unberührt lassen, wenn ihnen Erbsen, Bohnen oder Wicken geboten werden. Haben sie die Wahl zwischen Weiß- und Rotklee, so ziehen sie deutlich den Weißklee vor. Immer waren die Weißkleeblätter viel stärker angefressen als die des Rotklee. Der weiße Steinklee (*Melilotus albus*) wird lieber gefressen als der Rotklee (*Trifolium pratense cultiforum*), der seinerseits aber wieder dem ausdauernden Rotklee (*Trifolium pratense cardamine*) vorgezogen wird. Zwischen dem Gelbklee *Medicago lupulina*) und dem Rotklee (*Trif. prat. cult.*) machen sie keinen großen Unterschied, wenn auch der Rotklee etwas lieber gefressen wird. Dagegen ist wieder ein sehr deutlicher Unterschied zwischen Hornschotenklee und Rotklee festzustellen. Der Hornschotenklee wird stark bevorzugt.

Mit den Fütterungsversuchen stimmen die Freilandbeobachtungen und die Meldungen über Schäden durch *S. lineata* überein. Weitaus die meisten Angaben über Käferfraß beziehen sich auf Erbsen und Bohnen, dann kommen Wicken und Luzerne und verhältnismäßig selten werden Schäden auf Kleefeldern gemeldet, obwohl Klee gegenüber den erstgenannten Pflanzen meistens viel mehr angebaut wird. Das rührt vor allem daher, daß die Käfer Erbsen, Bohnen und Wicken im Frühjahr befallen, wenn sie eben aufgelaufen sind, so daß der Blattfraß die einzelne Pflanze empfindlicher trifft als im Sommer. Auf dem Klee treffen wir die Käfer gewöhnlich nur im ersten Frühjahr, wenn die anderen Pflanzen noch nicht da sind, und dann nach deren Ernte, also im Spätsommer und Herbst. Der Klee und teilweise auch Luzerne werden in der Regel nur dann befallen, wenn die anderen genannten Pflanzen noch nicht oder nicht mehr vorhanden sind. Die Nährpflanzen sind also oben in der Reihenfolge ihrer Bevorzugung durch *S. lineata* aufgezählt. Als Fraßpflanzen, die allerdings nur geringen Anklang finden, führt Crebert (1928) noch auf Zottelwicke (*Vicia villosa*) und ungarische Wicke (*V. pannonica*), sowohl als Sommerform als auch Winterform; ferner Wickenlinsen (*V. Ervilia*) und Mauswicken (*V. narbonensis*), die selten und dann nur ganz schwach befressen werden. Ganz gering befressen wird auch die Linse.

Gar nicht angerührt wird die Lupine. Schon die Freilandbeobachtungen zeigten, daß die Lupinenfelder von den Käfern vollständig verschont blieben, auch dort, wo sie unmittelbar an stark befallene Erbsen- und Bohnenfelder grenzten. Nicht ein einziges Blatt wird angebissen. Fütterungsversuche zeigten, daß *S. lineata* Lupinenblätter auch dann nicht anrührt, wenn man ihm tagelang sonst nichts reicht. Die Käfer verhungern eher dabei. Zu dem gleichen Ergebnis kommt H. Crebert (1928), der feststellt, daß keine der bekannten Lupinenarten befallen wird. Über Lupinen als Nahrungspflanzen finde ich folgende Angaben: Bericht der Landwirtschaftskammer Mecklenburg-Schwerin 1921/22: Blattrandrüsselkäfer. Dobrodeev (1915) nennt als Nahrungspflanzen von *S. crinita* und *lineata* auch Lupine. F. Boas u. F. Merkenschlager (1923) führen neben *S. grisea* und *S. crinita* auch *S. lineata* als Lupinenschädling auf. Sie dürften diese Angabe aus dem Schrifttum entnommen haben. Molz u. Schröder (1914) berichten, daß sie an Lupinen *S. grisea* getroffen haben. Aus diesen Meldungen darf man wohl schließen, daß, wo Blattrandfraß an Lupinen beobachtet wurde, es sich um eine andere Art von *Sitona*, aber nicht *S. lineata* handelt.

Bemerkenswert ist, daß nach einer Angabe (K. Reichelt 1924) die Käfer auch die Blüten der Erbsen und Edelwicken bei trockenem Wetter befressen sollen.

Außer den oben genannten einwandfrei feststehenden Nährpflanzen werden noch folgende angegeben. Stachelbeeren: Schweden, A. Tullgren (1918). Robinie: E. Vadas führt in seiner Monographie der Robinie (1914) *S. lineata* als Schädling an. Raps und Senf: D. N. Borodin (1915) nennt unter den mehrfachen Schädlingen an Raps und Senf *S. lineata* in Rußland, Gouvernement Poltawa. Zuckerrüben: In Marokko soll nach M. Mége (1923) *S. lineata* neben anderen Insekten als Hauptschädling aufgetreten sein. E. Vassiliev (1912) berichtet, daß *S. lineata* oft auf Zuckerrüben gefunden wird und einige Autoren (Mokrzecki, Pospielov) ihn als einen Schädling dieser Pflanzen ansehen, während Jablonowsky dies bestreitet und ihn nur für einen Schädling der Schmetterlingsblütler hält; Versuche hätten Jablonowsky Recht gegeben. Vielleicht war es ein anderer Rüßler? Rambousek (1923 u. 1925) nennt *S. gressoria* F. einen Rübenschädling. Wein: Vassiliev (1912) will *S. lineata* auch an Wein in Rußland gefunden haben. Pinus silvestris (Kiefer): Die erste Angabe darüber finde ich in dem Handbuch der Zoologie von Döbner (1862), Teil II, S. 112: „Übrigens findet sich *S. lineatus* zuweilen auch sehr häufig an Kiefern, und man vermutet, daß er die Samen der Nadelhölzer zerstöre; er wurde auch schon aus Kiefernzapfen gezogen.“ E. L. Taschenberg (1879) bringt eine ähnliche Bemerkung und spricht die Möglichkeit aus, daß die Käfer in den Zapfen überwintert haben können. Bargagli (1914) nennt unter anderem auch *Pinus sylvestris* L. und *Ilex aquifolium* L. als Nährpflanzen. Die Vermutung Taschenbergs, daß sie unter Kiefernadeln überwintert haben oder, wie Jackson sich ausdrückt, daß sie darunter nur Schutz suchten, dürfte dieses Rätsel lösen. Cichorien als Larvennahrung: Molz u. Schröder (1914) berichten über Larvenfraß an Cichorien. Wenn auch die zwei aus an sie gesandten Larven gezogenen Käfer *S. lineata* waren, so scheint es mir nach dem abgedruckten Begleitschreiben der Sendung schon zweifelhaft, ob die Larven wirklich von dem Cichorienfeld stammten, und wenn selbst, dann ist es immer noch fraglich, ob die Zerstörung der Cichorie wirklich durch die Larven des linierten Graurüßlers geschehen ist.

Nach meinem Dafürhalten dürften alle, außer den oben genannten Schmetterlingsblütlern, erwähnten Pflanzen irrtümlich als Nährpflanzen des linierten Graurüßlers angesprochen worden sein. Dafür spricht, soweit nicht bereits Gegenbeweise angeführt worden sind, vor allem der Umstand, daß es sich durchweg um vereinzelte Angaben handelt. D. J. JACKSON (1920, S. 272) sagt: "I have met with no corroborative evidence of *S. lineatus* occurring on vines, raspberries, chicory or sugarbeet in this country." Ähnlich äußert sich auch H. CREBERT (1928), der den Käfer auch nur auf Leguminosen antraf.

Der Grund, warum die verschiedenen Nährpflanzen so auffallend verschieden befallen werden, dürfte in erster Linie auf Geschmacksunterschiede oder, wie CREBERT (1928) sich ausdrückt, auf die Verschiedenheit der inneren (chemischen) Zusammensetzung der Pflanzen zurückzuführen sein. Daß bei gleicher Geschmacksgüte zweier Pflanzen, wenn also die Blätter beider gleich gern gefressen werden, für den Befall noch andere, gestaltliche Umstände eine Rolle spielen, wird beim Fraß der Käfer noch gezeigt werden.

IV. Geographische Verbreitung.

S. lineata ist nach D. J. JACKSON (1920) in ganz Europa weit verbreitet. Nach E. ALLARD (1864) ist sein Hauptvorkommen im gemäßigten und südlichen Europa. Von außereuropäischem Vorkommen des Käfers, noch dazu als Schädling, ist bisher nichts bekannt geworden. Das Vorkommen in Marokko an Zuckerrüben (M. MÉGE 1923) können wir als fraglich unberücksichtigt lassen.

Nicht überall in Europa wird der Käfer schädlich. Ob und in welchem Maße er in einer Gegend als Schadinsekt auftritt, hängt außer vom Anbau seiner Hauptnährpflanzen namentlich vom Klima ab. Man erkennt in letzter Zeit immer mehr, daß das Massenauftreten eines Insektes und umgekehrt das Hintanhalten einer Übervermehrung in der Hauptsache von der Witterung abhängt, also von Temperatur und Feuchtigkeit. Ob der linierte Graurüßler in einem Jahr größeren oder kleineren Schaden anrichtet, hängt auch noch insofern von der Witterung ab, als durch diese die Wachstumsgeschwindigkeit der Pflanzen bestimmt wird. Über die Ursachen, die die Größe des Befalls und Schadens bestimmen, s. Abschnitt X.

Nach den Berichten über das schädliche Auftreten des linierten Graurüßlers, die ich in der Literatur fand, ergibt sich folgendes Bild über seine Verbreitung als Schadinsekt:

1. Deutschland: Ostpreußen, Provinz Brandenburg, Regierungsbezirk Cassel, Mecklenburg-Schwerin, Lübeck, Bezirk Magdeburg, Anhalt, Württemberg, Schlesien, Oldenburg, Sachsen (Chemnitz), Strelitz, Bayern (Weihenstephan bei München).

2. Großbritannien und Irland: Schottland, England, Wales, Irland. Nach D. J. Jackson tritt er überall auf den britischen Inseln als Schädling auf, im Norden Schottlands allerdings weniger stark als im Süden Englands.

3. Schweden: Aus den Meldungen ist nicht ersichtlich, ob in ganz Schweden der Käfer in gleichem Maße schadet. Das gleiche gilt auch für Norwegen. Auffallend ist die häufige Beschädigung des Klees.

4. Dänemark: Hier scheinen die Schädigungen besonders stark zu sein. Nach den Meldungen zu schließen, vergeht kaum ein Jahr, ohne daß der Käfer an einzelnen oder allen seinen Nährpflanzen größeren Schaden anrichtet. Namentlich wird über Schädigungen an spät gesäten Erbsen und Bohnen geklagt, besonders Ende April und im Mai, selten schon im März. Kennzeichnend ist wieder die häufige Meldung von Schäden an Luzerne und Kleefeldern.

5. Niederlande: *S. lineata* kommt in den meisten Gegenden Hollands jedes Jahr in beträchtlicher Zahl auf Erbsen, Bohnen, Wicken, dann auch auf Klee und Luzerne vor. Beträchtlichen Schaden richten die Käfer in den Jahren an, wo die Frühjahrswitterung längere Zeit kalt bleibt und der Regen fehlt. Hauptsächlich wird über Befall an Bohnen- und Erbsenpflanzen geklagt. Größere Schädigungen an Klee sind ungewöhnlich.

6. Rußland: Meldet häufig großen Schaden außer an Erbsen, Bohnen und Wicken, besonders auch an Linsen, Klee und Luzerne. Ob die Schädigungen der drei letzten Pflanzen in der Hauptsache allerdings *S. lineata* zuzuschreiben sind, ist fraglich, da fast immer gleichzeitig noch andere Graurüßler an Klee gemeldet werden. Schaden durch *S. lineata* wird aus folgenden Bezirken Rußlands berichtet: Moskau, Petersburg, Wolhynien, Charkow, Tanbov, Penza, Kiev, Ural, Tula, Orel, Poltava (hier an Raps und Senf?).

7. Finnland: Namentlich an Erbsen und in einem Falle auch an Klee.

8. Lettland: Report Riga 1923 u. 1925.

9. Polen: Beträchtlicher Schaden wird aus Südostpolen (1921—1923) besonders an Bohnen, dann auch Erbsen und Wicken berichtet; 1925 wird *S. lineata* mit *S. crinita* zusammen auch an Klee schädlich.

10. Frankreich: Hier scheint *S. lineata* seltener größeren Schaden anzurichten. Im Jahre 1892 wird berichtet, daß bei Rouen die Felder mit *Pisum sativum* fast vernichtet wurden, und 1918, daß verschiedentlich Bohnen befallen wurden.

11. Böhmen bzw. Tschechoslowakei: 1913 hatten besonders Erbsen und Saatwicken, etwas weniger Saubohnen zu leiden, 1920 machte sich der Käfer auch an Luzerne bemerkbar.

12. Österreich: Hier als Schädling in Gemüsegärten erwähnt. Desgleichen in

13. Schweiz: An jungen Erbsen.

14. Ungarn: Als Luzerneschädling.

15. Bulgarien: *S. lineata* richtet größeren Schaden an Futterpflanzen und Hülsenfrüchten an.

16. Cypern: Eine Meldung vom Jahre 1926 berichtet, daß der Käfer an jungen Bohnen (broad beans) schädlich wurde.

V. Beschreibung des Käfers und seiner Entwicklungsstufen.

A. Der Käfer.

Alle Arten der Gattung *Sitona* sind verhältnismäßig schlank gebaut. Zu den Familienmerkmalen der Rüsselkäfer (*Curculionidae*): Kopf in einen deutlichen Rüssel verlängert, Keulenfühler mit langem Schaft und gekniet, kommen die der Unterfamilie der *Brachyderinae*: Fühlerrinne

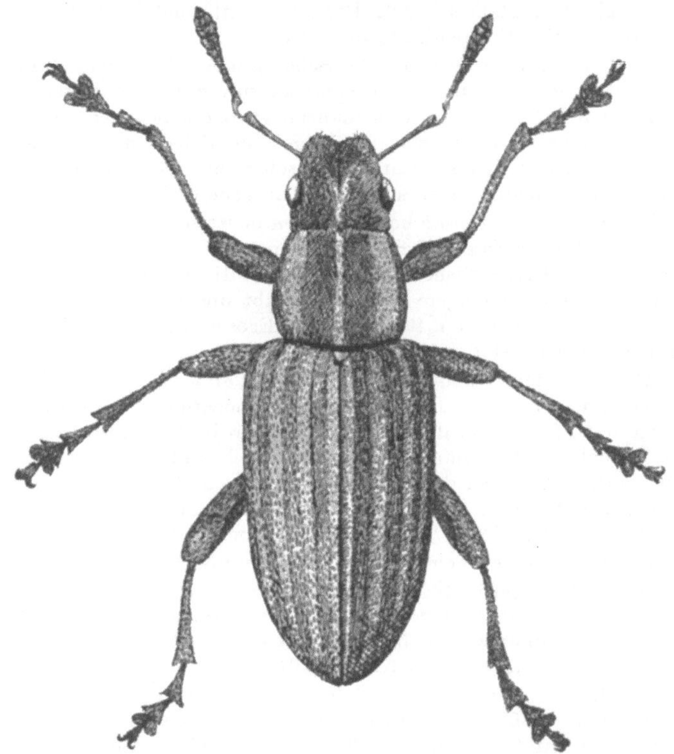

Abb. 1. Linierter Graurüßler (*Sitona lineata* L.). 15:1.

oder Furche lang und schmal, seitlich am Rüssel. Ihr Außenrand biegt mehr oder weniger scharf schräg nach unten ab und läuft nur selten gerade zu den Augen. Die Tribusmerkmale der *Sitonini* sind vor allem der gerade Basisrand der Flügeldecken mit deutlichen seitlich vortretenden, abgeschrägten Schultern. Die Mandibeln sind oben beschuppt oder dicht behaart. Die Schienenspitzen ohne deutlichen Enddorn. Als Gattungsmerkmal (*Sitona* Germ.) kommt hinzu, daß das Halsschild einfach punktiert ist, im Gegensatz zur zweiten Gattung (*Mesagroicus*

Schönh.), deren Halsschild flach gekörnt oder genetzt ist. Die Artmerkmale ergeben sich aus folgender Beschreibung.

1. Größe. Unter den verschiedenen Arten der Gattung *Sitona* zählt *S. lineata* zu den größeren. Reitter gibt als Länge 4—5 mm an, D. J. Jackson 3,6—5,4 mm. Nach eigenen zahlreichen Messungen schwankt die Größe zwischen 3,6 und 5,3 mm. Dabei ist zu beachten, daß die Extreme selten sind. Die allermeisten Käfer haben eine Länge zwischen 4 und 5 mm. Auch ist zwischen den Geschlechtern ein Unterschied in der Länge. Die Männchen sind durchweg kleiner als die Weibchen. Ich fand die Männchen zwischen 3,6 und 4,2 mm, durchschnittlich 3,9 mm groß, und die Weibchen zwischen 4,2 und 5,3 mm, durchschnittlich 4,5 mm. Aus der Größe allein darf man aber nicht ohne weiteres das Geschlecht bestimmen wollen, weil sich die Größen der Männchen und Weibchen überschneiden.

2. Gewicht. Das Gewicht zur Zeit der Geschlechtsreife, also im Frühjahr, ist ebenfalls in beiden Geschlechtern verschieden. Bei den Männchen beträgt es zwischen 3,4 und 5,4 mg, durchschnittlich 4,3 mg; bei den Weibchen zwischen 4,4 und 7,2 mg, durchschnittlich 5,7 mg.

3. Farbe. Der ganze Körper ist schwarz. Die gelbgrauen bis rötlichbraunen Schuppen geben dem Käfer im ganzen aber ein graues bis bräunlichgraues Aussehen. Meist, und davon hat er seinen Artnamen, bilden die Schuppen hellere und dunklere Längsstreifen auf den Flügeldecken. Auf jeder Elytra kann man vier dunklere mit dazwischen liegenden helleren Streifen erkennen. In der Mitte stoßen zwei helle aneinander. Bei alten Käfern ist der größte Teil der Schuppen und Haare abgestreift, so daß sie nun dunkler erscheinen und oft fast schwarz. Die Unterseite ist mit grauweißen Schuppen besetzt. Manchmal zeigen die Schuppen einen metallischen Schimmer.

4. Skulpturen, Beschuppung und Behaarung. Wir finden auf der ganzen Körperoberfläche nur größere oder kleinere punkt- und grübchenförmige Vertiefungen, aber keine Erhebungen. Die größten dieser Grübchen liegen reihenweise hintereinander im Abstand von etwa des $1^1/_2$- bis 2fachen ihres Durchmessers in den Längsfurchen der flachen Kannelierung der Flügeldecken. Zwischen ihnen liegen unregelmäßig verstreut sehr kleine, nadelstichartige Punkte. Sie bedecken also die Erhöhungen der Kannelierung. Das Pronotum ist von nur einerlei Grübchen mittlerer Größe dicht besetzt. Kleine Punkte finden sich auch noch auf den Tergiten der letzten Abdominalsegmente. Der Kopf ist wie mit einem feinen Stichel dicht Punkt an Punkt flach gepunst; auf dem Rüssel sind die Punkte etwas größer und tiefer. Auch die Bauchseite ist nicht glatt, doch lassen sich keine deutlichen Gruben oder Punkte erkennen. In den Gruben und Punkten sitzen Schuppen und flache, borstenförmige Haare. Ihre Größe und Farbe ist verschieden. Am längsten sind die Haare am

Rostrum. Hier stehen sie auch am meisten von der Körperoberfläche ab, während sie auf dem übrigen Körper ziemlich dicht anliegen. Die Schuppen sind spatelförmig, ihre Oberfläche fein gerieft, wodurch manchmal leichte Schillerfarben, insbesondere am Hals entstehen. Auf dem

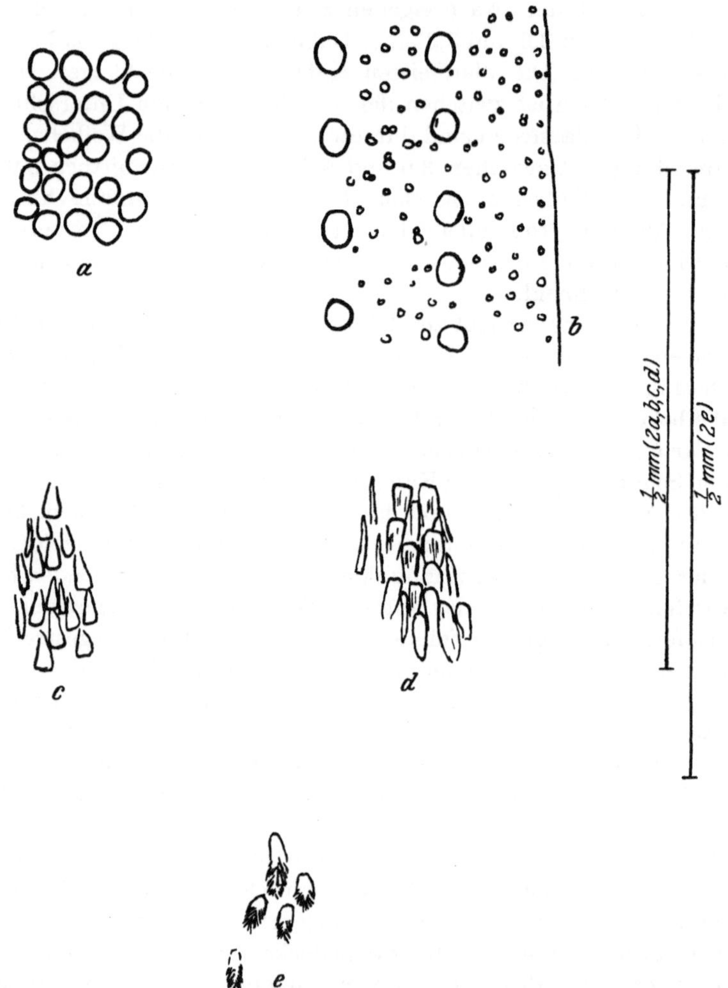

Abb. 2. *a* Skulpturen auf Pronotum, *b* Skulpturen auf Elytren, *c* Borsten und Schuppen auf Pronotum. *d* Borsten und Schuppen auf Elytren, *e* Pinselschuppen der Bauchseite.

Kopf und Halsschild sind sie ebenso wie die Borsten nach vorn gerichtet, auf den Flügeldecken dagegen nach rückwärts. Die Anordnung und Richtung der Schuppen der Bauchseite zeigt die Abb. 3. Auf dem Pronotum sind die Schuppen nicht gleichmäßig verteilt. Sie sitzen ziemlich dicht in einem schmalen Mittelstreifen und je einem breiten Seitenband links und rechts. Sonst sind sie spärlich zwischen den zahlreichen Borsten verteilt. Auf diese Weise kommt die chrakteristische Streifung des Pronotums zustande: in der Mitte ein schmaler und seitlich je ein breiterer heller Streifen. Die Elytren sind gleichmäßig dicht mit ähnlichen Schuppen besetzt. Meist sind deutlich zweierlei Farben in den Schuppen zu unterscheiden, hellere und dunklere, die in abwechselnden Streifen angeordnet sind. Die Farbe wechselt von silbergrau bis weißlichockerfarben. Die zwischen den Schuppen verteilten Borsten werden gegen das Hinterende der Flügeldecken zu länger und stehen hier mehr vom Kör-

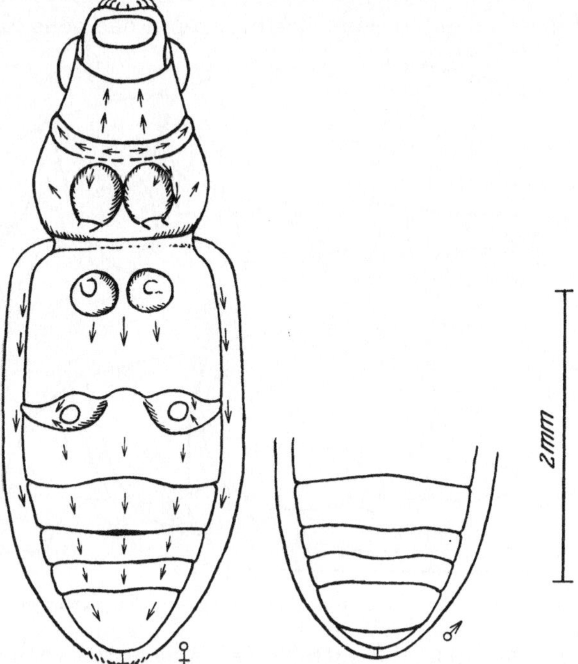

Abb. 3. Unterseite von Weibchen und Männchen mit Angabe der Anordnung und Richtung der bauchseitigen Schuppen.

per ab. Sie haben die gleiche helle Farbe wie die Schuppen und stimmen in Ton und Farbe mit den Schuppen der hellen bzw. dunklen Streifen überein. Die ganze Unterseite des Käfers ist gleichmäßig dicht mit hellen weißgrauen Schuppen besetzt. An Kopf und Vorderbrust beginnen sie von der Mitte der Seite an. Sie sind durchschnittlich größer als die der Unterseite. Die Borsten der Bauchseite sind verschieden gestaltet, manchmal zweireihig federig zerschlissen. Brust und Hinterleib tragen an der Bauchseite auch noch flache Borsten.

5. Gestalt. a) Kopf. Von der Seite gesehen, weist der Kopf eine flachgebogene, im ganzen etwa unter 45° nach abwärts geneigte obere

Umrißlinie auf, während die untere einen ziemlich scharfen Knick zeigt, indem sie von der Basis des Kopfes ein kurzes Stück wagrecht verläuft, dann plötzlich umbiegt und fast parallel mit der oberen Umrißlinie zieht. Es ist also der kurze, plumpe Rüssel nur in der Seitenansicht des Kopfes gut zu erkennen. Von oben gesehen, bildet die Umrißlinie des Kopfes ein Trapez. Die beiden schwach gebogenen Seiten laufen nach vorne etwas zusammen, die vordere Umrißlinie ist parallel dem Hinterrand, da Stirn und Rüssel dorsal abgeflacht sind. Dieser Eindruck wird noch verstärkt durch eine mittelständige Furche, wodurch die vordere Umrißlinie sogar zweigelappt erscheint. Die Rüsselfurche setzt sich bis zwischen die Augen fort und verliert sich erst gegen den ganz am Hinterrande gelegenen Scheitel.

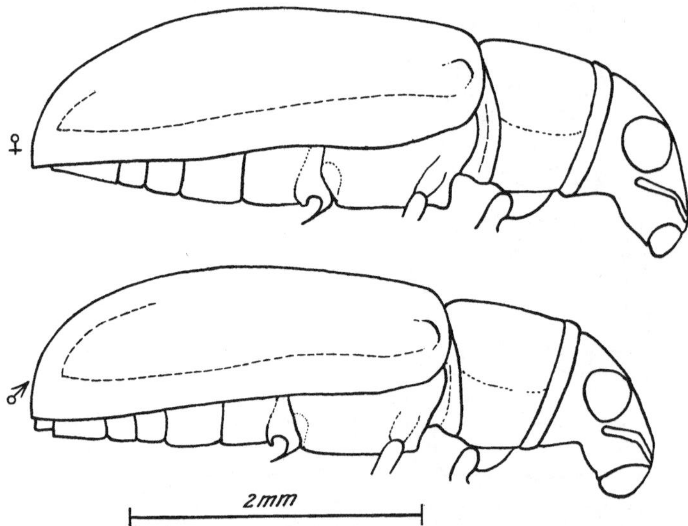

Abb. 4. Seitenansicht des Käfers, oben Weibchen, unten Männchen.

Die mittelgroßen Augen sind vorgewölbt und ragen noch über die vordere Seitenbegrenzung des Halsschildes (Pronotum) hinaus. Von der Seite gesehen, liegen sie ganz nahe dem Oberrande des Kopfes. Die Fühlerrinne ist deutlich, namentlich ihr Oberrand, abgewinkelt. Sie verläuft vom Oberrande des Kopfes nahe dem Rüsselende auf die Mitte des Auges zu, biegt aber etwa auf halbem Wege in stumpfem Winkel ventral ab und endigt dicht unter dem Auge in Höhe des vorderen Augendrittels.

b) Brust. Die Gestalt und Größe des Halsschildes sind charakteristisch. Es ist vor allem breiter als lang. Als Durchschnittsmasse fand ich Länge zu Breite in Millimetern: beim Weibchen 1:1,17, beim Männchen 0,93:1,07. Die Seiten sind gewölbt. Die größte Breite liegt aber nicht in der Mitte, sondern im hinteren Drittel. Der Vorderrand der ganzen Vorderbrust ist ringsum zwar verhältnismäßig breit, aber nicht hoch wulstig aufgetrieben. Diesen Vorderrandwulst kann man auf dem Pronotum in der Aufsicht zwar kaum erkennen, er ist aber an den Seiten und auf der Bauchseite durch eine mehr oder minder scharfe Furche deutlich ausgeprägt. Auf der Bauchseite der Vorderbrust ist ein ähnlicher, nur schwächerer Wulst auch am Hinterrande ausgebildet; er wird an den Seiten nach oben immer schmäler und ist auf dem Pronotum daher überhaupt nicht vorhanden.

c) Abdomen. Es ist dorsal durch acht Rückenschienen (Tergite) bedeckt. Das vorletzte, siebente, das Propygidium, trägt gegen den Hinterrand zu kurze Borsten. Das letzte, achte Tergit oder das Pygidium ist damit ganz besetzt. Die ersten sechs Tergite sind nackt. Die verschiedene Form des Pygidiums bei beiden Geschlechtern wird im Zusammenhang mit den übrigen Geschlechtsunterschieden behandelt werden. Die Bauchseite des Abdomens läßt fünf Bauchschienen (Sternite) erken-

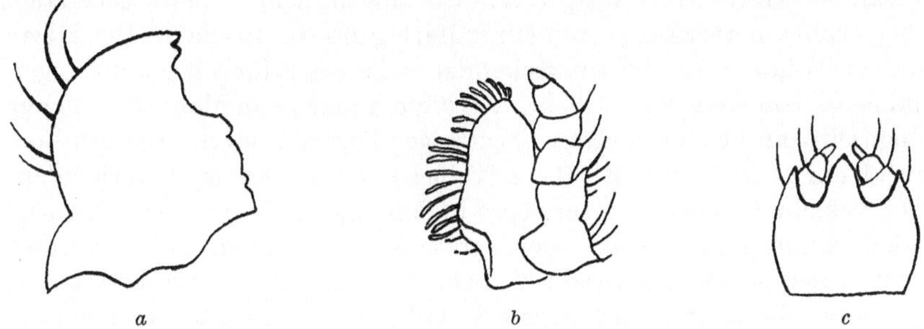

Abb. 5. Mundwerkzeuge des linierten Graurüßlers. *a* Mandibel, *b* Maxille I, *c* Labium.

nen. Diese entsprechen (A. D. Hopkins 1909[1], Jackson 1920) den Sterniten 3—7. Die erste und zweite Bauchschiene sollen in der Coxalhöhlung stecken. Die Pleurite zwischen den Rücken- und Bauchschienen beiderseits bestehen aus einem schwach chitinisierten, häutigen Teil, den Epipleuriten, der sich an die Tergite anschließt und die Stigmen trägt. Bauchwärts setzen sich die Epipleurite in die stärker chitinisierten Hypopleurite fort, die den Übergang zu den Sterniten vermitteln. Auch die Gestalt der letzten Sternite und Hypopleurite ist in beiden Geschlechtern verschieden.

d) Körperanhänge. Die Antennen sind keulenförmig und gekniet. Die ansehnliche Länge kommt auf Rechnung des langen, schaftförmigen Wurzelgliedes, das ebenso lang als die übrigen 11 Glieder (7 Geißelglieder + 4 Keulenglieder) zusammen ist. Die Farbe ist rötlichbraun. Sie sind mit sehr feinen hellen Haaren bedeckt.

[1] U. S. Dept. Agricult. Bur. Entom. Technical Ser. No. 17, Bull. 83, Part. 1 (1909).

Die Mundgliedmaßen umgeben den am Ende des Rüssels liegenden Mund. Sie sind kurz, gedrungen und kräftig. Eine Oberlippe fehlt. Die zwei starken schwarzen Mandibeln sind innenseitig unregelmäßig gezähnt. An der glatten, gerundeten Außenseite tragen sie einige kräftige, lange und geschweifte Borsten. Die darunter liegenden beiden Maxillen sind innenseitig mit einem Kamm dorniger Borsten versehen und erzeugen an ihrer Außenseite einen kurzen, dicken Taster aus drei Gliedern. Zwischen den Maxillen ist das unter ihnen liegende Labium als dreizakkige Platte sichtbar. Der mittlere Zacken ist eine Spitze des Mentums selbst und die zwei anderen sind die zu dessen beiden Seiten stehenden winzig kleinen, gleichfalls dreigliedrigen Labialtaster. Deren Basalglied ist breiter als lang, das zweite halb eiförmig, das dritte ein kleines Stiftchen, kurz und dünn.

Die Beine sind mäßig lang, aber kräftig. Die Femora sind verdickt, muskulös. Sie sind schwarz, an der Basis und am Ende rötlich. Die hellen, ockerfarbigen Schuppen und die langen, hellen Haare geben den Oberschenkeln aber im ganzen ein erdfarbig graues Ansehen. Die Tibiae sind viel dünner als die Oberschenkel, schwach S-förmig geschwungen und nach dem Ende zu verdickt. An diesem ragt beim Männchen an der Innenseite ein kleiner, spitzer, dornartiger Fortsatz hervor, der am Vorderfuß am deutlichsten ist. Beim Weibchen ist er zwar auch vorhanden, aber so klein, daß er, ganz versteckt in den langen Haaren der Schienenenden, kaum zu sehen ist. Der Tarsus ist viergliedrig. Das erste und zweite Glied sehen wie verkürzte Schienen aus. Wie diese sind sie an der Basis schmal und am unteren Ende breit. Das zweite ist kürzer als das erste. Das dritte Glied ist zweilappig, noch kürzer und am breitesten. Das vierte ist lang und gebogen. Es wächst ganz schmal zwischen den beiden Lappen des dritten heraus, verbreitert sich etwas und endet mit zwei kleinen, spitzen Krallen. Die Farbe der Schienen und Fußglieder ist rotbraun. Sie sind mit langen, weißen Haaren bedeckt.

Die Flügeldecken (s. Abb. 1, 4 und 6) sind mäßig lang. Messungen ergaben als mittlere Länge beim Männchen 2,5 mm und beim Weibchen 2,9 mm, d. s. $^5/_8$ bzw. $^2/_3$ der Gesamtkörperlänge. Die Breite beträgt beim Männchen 1,45 mm und beim Weibchen 1,65 mm, d. i. jeweils das 0,56fache der Elytrenlänge. Die Flügeldecken erreichen ihre größte Breite bereits an den Schultern, die schräg abgestutzt sind. Die Seiten laufen dann parallel zueinander, bis etwa $^2/_3$ ihrer Länge. Von jetzt ab beginnt die Breite erst merklich abzunehmen. Die Seitenlinien laufen in schön gerundetem Bogen gegeneinander und bilden einen ovalen Hinterrand. In der Seitenansicht (Abb. 4) ist die dorsale Begrenzungslinie der Flügeldecken in der ersten Hälfte, von der Basis bis zur Mitte, fast geradlinig und neigt sich von da ab zunächst noch langsam und erst gegen zuletzt rascher nach abwärts. Der Unterrand ist flach wellig geschweift. In querer Richtung sind sie stark gewölbt. Die Form der Flügeldecken in der Aufsicht,

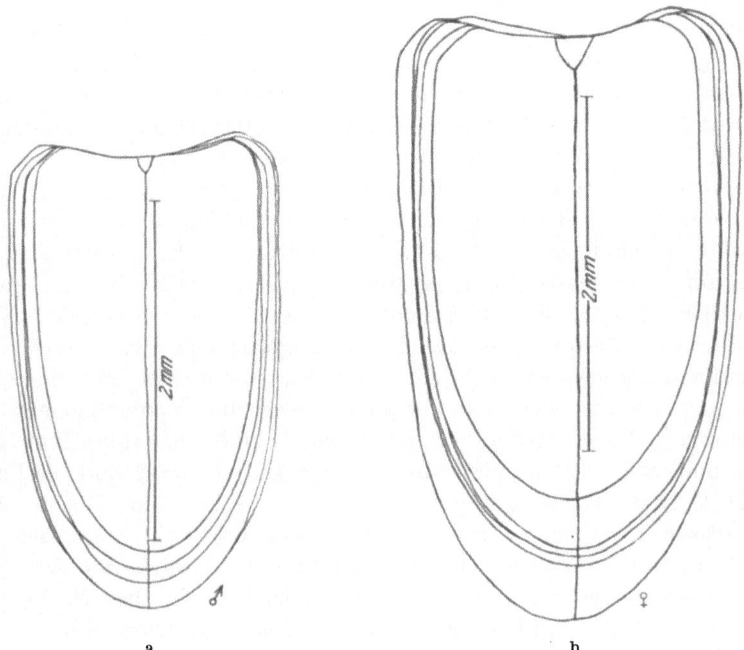

Abb. 6a und b. Umrisse der Flügeldecken des linierten Graurüßlers in der Aufsicht.

ihren Größenspielraum und ihre unterschiedliche Größe in beiden Geschlechtern zeigen Abb. 6a u. b.

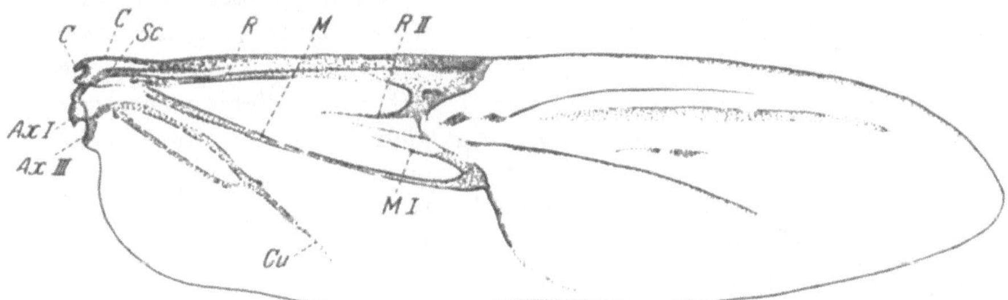

Abb. 7. Häutiger Flügel des linierten Graurüßlers. *AxI*, *AxIII* u. *C* Flügelgelenk. Flügeladern: *C* Costa, *Sc* Subcosta, *R* Radius, *RII* Radius II, *M* Medialis, *MI* Mediane I, *Cu* Cubitus.

Die häutigen Flügel sind ungefähr 5,6 mm lang. Ihre Gestalt zeigt Abb. 7. Vorder- und Hinterrand verlaufen fast geradlinig und einander parallel. Erst im letzten Drittel sind beide Ränder bogig gegeneinander gekrümmt, und zwar der vordere stärker als der hintere, wodurch die stumpfe Flügelspitze aus der Mitte der Flügelbreite gegen hinten gerückt ist. Die Aderung und Gestalt der Flügel stimmen ziemlich weitgehend mit den Flügeln von *S. hispidula* überein, wie sie von D. J. JACKSON (1928) abgebildet worden sind. Bei beiden Arten lassen sich fünf Hauptadern unterscheiden: Costa, Subcosta, Radius, Medialis und Cubitus. Die ersten drei liegen so dicht am Vorderrand des Flügels beieinander, daß sie in ihrer längsten Ausdehnung miteinander verschmelzen. So sind Costa und Subcosta nur an der Basis auf kurze Entfernung getrennt und Subcosta und Radius auf eine etwas längere Strecke im ersten Drittel des Flügels. Gegen die Mitte sind alle drei miteinander verschmolzen und hören unvermittelt noch vor der Flügelmitte auf. An dieser Stelle verbreitert sich der Radius zu einer dreieckigen Platte, die einen ovalen, hellen Fleck umschließt. Von der Radiusverbreiterung geht ein chitiniger Sporn basiswärts, der als Radius II angesprochen wird. Nach rückwärts zieht eine ungleich dicke Querader zur Medialis. Zwischen dieser und Radius II geht als rückläufiger Sporn Mediane I ab. Die Cubitalader entspringt wie Costa und Subcosta unmittelbar an der Flügelwurzel und verläuft zunächst nach vorne gebogen, schließlich gegen den Hinterrand, ohne diesen ganz zu erreichen. Sie spaltet sich nahe der Basis in einen vorderen stärkeren und einen hinteren schwächeren Ast, die sich später wieder vereinigen. Eine Analader fehlt bei *S. lineata*. Die apikale Hälfte des Flügels weist keine deutlichen Adern auf, sondern nur Faltlinien und Streifen etwas dunkleren Chitins. Nur zwei stark chitinisierte Flecke liegen in der Nähe der Radiusverbreiterung. Ober- und Unterseite der Flügel sind mit winzig kleinen Haaren besetzt, die an einigen Stellen und am hinteren Flügelrand, an dem sie in ganz gleichen Abständen sitzen, größer sind. Die winzig kleinen Bläschen, hauptsächlich auf der Radialader, die JACKSON bei *S. hispidula* entdeckte, und die sie als Sinnesbläschen, entsprechend den Sinneskuppeln LEHRs (1914)[1] bei *Dytiscus marginalis*, anspricht, sind auch bei *S. lineata* vorhanden als kaum unterscheidbare, weil nur wenig hellere als das Chitin der Radialader und winzig kleine, kreisrunde Punkte. Um die den Hinterleib weit überragenden Hautflügel in der Ruhelage unter den Deckflügeln zu bergen, werden sie zusammengefaltet, und zwar in der Hauptsache zweimal quer und zweimal längs.

Flügeldimorphismus. Bei einer Reihe Graurüßlerarten (10 von 34 untersuchten) fand D. J. JACKSON (1928) neben Formen mit wohlausgebildeten Flügeln solche mit kurzen Stummelflügeln. Auch *S. lineata* zählt dazu. Es scheint, daß die kurzflügelige Form von *S. lineata* nicht

---

[1] Z. Zool. 110 (1914).

überall vorkommt. Unter den vielen Hundert untersuchten Exemplaren der britischen Inseln war kein einziges stummelflügeliges. Desgleichen wurde keins erhalten aus Spanien, Frankreich, den Balearen, Italien, Kroatien, Österreich, Ungarn, Tschechoslowakei, Griechenland. Nur zwei Exemplare waren kurzflügelig. Das eine stammte aus Basel (Schweiz) und das andere aus Ajaccio auf Korsika. Es handelt sich hierbei um keine sehr starke Rückbildung bis zu Flügelstummeln, sondern in beiden Fällen waren die Flügel gewissermaßen nur in der apikalen Hälfte gestutzt. Ihre Gestalt zeigt Abb. 8. Ihre Länge betrug statt 5,6 mm der voll entwickelten normalen Flügel nur 3,2 bis 3,3 mm. Die Verkleinerung ging namentlich auf Kosten des apikalen Teils, der nur etwa halb so lang wie bei normalen Flügeln ist. In der Ruhelage sind diese kurzen Flügel daher auch nur einmal an der Spitze quer gefaltet. Ob eine Abänderung des Metathorax und der Flugmuskulatur, wie sie bei den stärker verkürzten Flügeln der stummelflügeligen Formen von *S. hispidula*, die JACKSON genau untersuchte, vorhanden sind, wird nicht angegeben und dürfte auch nicht wahrscheinlich sein. Für *S. hispidula* wurde gefunden, daß die Kurzflügeligkeit wahrscheinlich durch einen dominanten Erbfaktor bestimmt wird.

Abb. 8. Verkürzter Flügel von *Sitona lineata* L. (Nach D. J. JACKSON 1928.)

e) Unterscheidungsmerkmale zwischen Männchen und Weibchen. Männchen und Weibchen unterscheiden sich, wie wir bereits gesehen haben (s. S. 11) in der Körpergröße. Die Männchen sind kleiner als die Weibchen. Ferner sind die Beine beider Geschlechter in Kleinigkeiten verschieden, worauf bereits FOWLER (1891) aufmerksam macht. Die Tibiae aller Beine tragen am Ende innenseitig einen kleinen, spitzen Fortsatz, der an den Vorderbeinen am deutlichsten ist. Bei den Männchen sind diese Dornen größer als bei den Weibchen, wo sie kaum bemerkbar sind. Auch dieses Unterscheidungsmerkmal der beiden Geschlechter ist unsicher, zumal am Ende der Tibiae lange Borsten stehen, die den Fortsatz oft ganz verbergen. Ein sicheres Unterscheidungsmerkmal ist die verschiedene Gestalt des letzten Abdominalsegments. Allerdings sind die Unterschiede nur nach Wegnahme der Flügeldecken und Flügel sichtbar. Bei den lebenden Käfern kann man das Geschlecht nur nach dem Aussehen der Bauchseite der Hinterleibsspitze beurteilen (s. Sternit der folg. Tab.). In der folgenden Tabelle sind die Hauptunterschiede in der Ausbildung des letzten Segments bei beiden Geschlechtern übersichtlich zusammengestellt.

Letztes Segment	männlich	weiblich
Tergit (8.) Pygidium	groß, greift seitl. über die Hypopleurite	klein, greift seitl. nicht über die Hypopleurite
Hypopleurit	kürzer, endet l. u. r. am Pygidium	länger, verengert sich l. u. r. längs des Pygidiums und läuft über dem 7. Sternit als schmaler Saum um das Hinterende.
Sternit (7.) Ventralansicht	Hinterrand abgestutzt[1], Pygidiumende sichtbar	Hinterrand gerundet. Pygidium nicht sichtbar
Afteröffnung	zw. Pygidium u. 7. Sternit	zw. Pygidium und dem Saum der Hypopleurite.

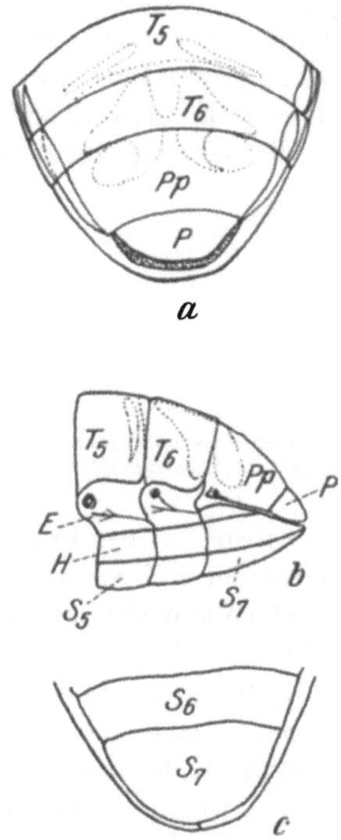

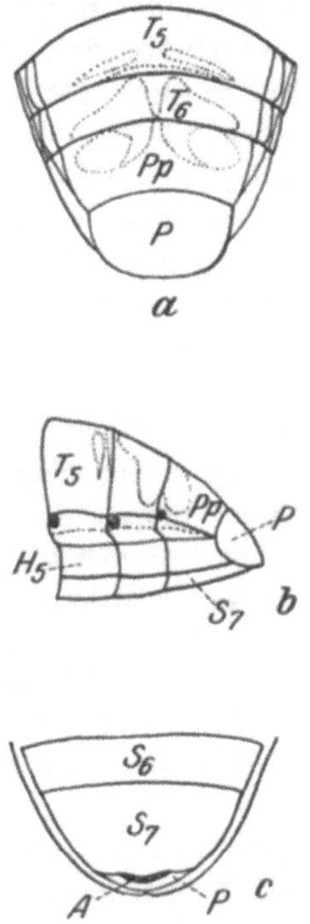

Abb. 9. Hinterleibsende des weiblichen Käfers. Abb. 10. Hinterleibsende des männlichen Käfers. *a* Rücken, *b* Seiten, *c* Bauchansicht. *A* After, *E* Epipleurit, *H* Hypopleurit, *T* Tergit, *S* Sternit, *P* Pygidium, *Pp* Präpygidium. (Nach D. J. JACKSON 1920.)

6. Fortpflanzungsorgane. Die Fortpflanzungsorgane und ihre Entwicklung sind genauer durch D. J. JACKSON (1920) untersucht und be-

[1] Manchmal kann hier bei oberflächlicher Betrachtung eine Verwechslung mit dem weiblichen Geschlecht vorkommen, da das dem Sternit eng anliegende Pygidium, wenn die zwischen ihnen gelegene Afteröffnung nicht sichtbar ist, mit seinem gerundeten Rande ein weibliches Aussehen des Sternits vortäuschen kann.

schrieben worden. Sie verwendet die durch D. SHARP[1] geschaffenen Benennungen, die sich nur teilweise mit den gebräuchlichen decken.

a) Männliche. Sie bestehen aus den beiden Hoden (Testis), den paarigen Samenleitern (Vasa deferentia), die in den unpaaren Spritzkanal (Ductus ejaculatorius, JACKSON: unpaired vas deferens) münden, der schließlich im Penis endet. Dazu kommen noch die zwei Samenbläschen (Vesicula seminalis) und die Anhangsdrüsen (seminal tubes bei JACKSON).

Im geschlechtsreifen Zustand sind die Hoden umfangreiche gelbliche Körper von 1 mm Länge und 0,85 mm Breite. Sie liegen links und rechts vom Enddarm unter den 3.—5. Hinterleibsrückenschienen. Sie haben eine rückenbauchwärts flach gedrückte, ovale Gestalt und gehören zum zusammengesetzten Typus. Die 12 Follikeln zeichnen sich durch den gemeinsamen Hautüberzug ab und die seichten Furchen zwischen den Follikeln verursachen eine nierenartige Lappung der Hoden. Der dünne, häutige Überzug enthält die Tracheen und Fettkörperstränge. Kurz nach dem Austritt der Samenleiter aus der Unterseite der Hoden gehen jeweils zwei Schläuche ab, die Anhangsdrüsen. Sie haben eine weißliche opake Farbe und liegen der Ventralseite der Hoden dicht an. Die medianen Schläuche sind kürzer und V-förmig abgeknickt, während die außenseitigen bedeutend länger und aufgeknäuelt sind. Die beiden Samenbläschen umgeben jeden Samenleiter kurz nach den Anhangsdrüsen als durchscheinende achtlappige, knollenförmige Anschwellung. Ihr Querdurchmesser beträgt 0,34 mm, ihre Dicke oder Länge 0,17 mm. Ungefähr im gleichen Abstand wie die Samenbläschen von den Hoden beginnt der Spritzkanal von jenen. Es ist ein langer, zusammengeknäuelter Schlauch, der während der Kopulation ausgestreckt wird. Er geht schließlich in den sogenannten Innenschlauch (internal sac) des Penis über. Sein vorderer Teil ist mit winzigen Chitinschuppen bedeckt und beim Übergang des Spritzkanals in den Penis befindet sich ein stärker chitinisiertes Gebilde (transfer apparatus). Bei der Begattung wird der Innenschlauch umgestülpt und das Chitingebilde wird zum Mundstück des ganzen Geschlechtsweges. Der Kopulationsapparat selbst besteht aus einer chitinigen Platte (median lobe) von 0,54 mm Länge und 0,294 mm Breite. Diese ist für jede *Sitona*-Art eigentümlich geformt und läßt sich vielleicht am besten mit einem stark gebogenen Schuhlöffel vergleichen. Von ihr gehen dorsalwärts zwei lange (0,77 mm) gebogene Chitinspangen (Dorsalspangen, auch Gabel oder Parameren) aus. Zwischen ihren Enden und der chitinigen Platte sind Längsmuskeln ausgespannt und umgeben den Innenschlauch. Die chitinige Platte tritt bei der Begattung aus dem Körper hervor, wird aber nicht in die weiblichen Geschlechtswege eingeführt. Durch ihren Apex wird der Innensack ausgestülpt. Ein halb-

[1] Trans. of the Entom. Soc. of London, Dec. 1918, 209—222.

kreisförmiges chitiniges Band (tegmen) umspannt ventral die Chitinplatte und dient dieser als Führungsring beim Vor- und Zurückgleiten

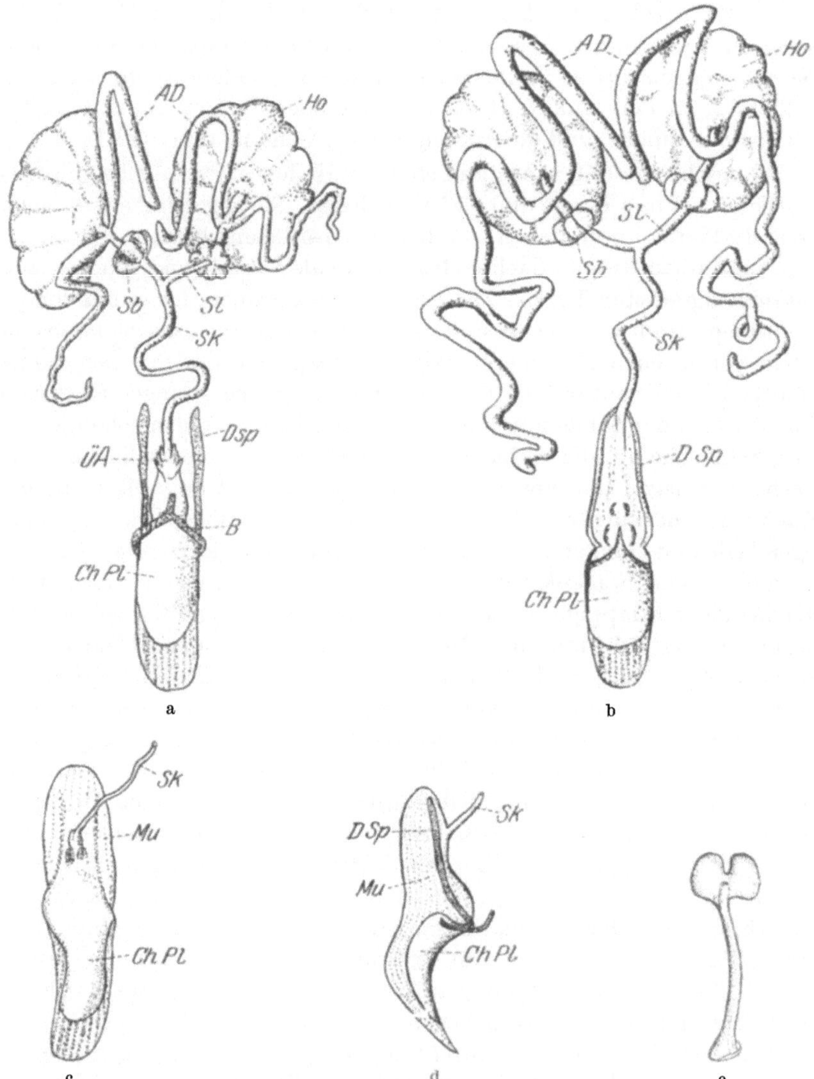

Abb. 11. Männliche Fortpflanzungsorgane des *Sitona lineata* L. 20:1. a Jungkäfer, b geschlechtsreifes Tier, c Penis von der Bauchseite, d seitlich gesehen, e Spiculum gastrale. *AD* Anhangsdrüsen, *B* chitiniges Band, *ChPl* Chitinplatte, *DSp* Dorsalspange, *Ho* Hoden, *Mu* Muskulatur des Penis, *Sb* Samenbläschen, *Sl* Samenleiter, *Sk* Spritzkanal, *ÜA* Übertragungseinrichtung. (Nach D. J. JACKSON 1920 neu gezeichnet.)

während der Kopulation. Es trägt in der Mitte ventral noch einen Chitinsporn und ist einerseits mit dem Abdomen unbeweglich, andererseits durch Muskeln mit den Dorsalspangen verbunden. In der Ruhelage ist die Chitinplatte so weit zurückgezogen, daß der Führungsring ganz an ihr Vorderende zu liegen kommt.

Das Spiculum gastrale ist ein leicht gebogenes Chitinstäbchen unter dem Geschlechtskanal im Hinterleibsende. Sein Vorderende ist verdickt und das Hinterende spachtelförmig erweitert. Es ist 0,961 mm lang.

Da die männlichen Käfer erst 9 Monate nach dem Verlassen der Puppenhülle geschlechtsreif werden, also im Frühjahr des ihrer Geburt folgenden Jahres, so unterscheiden sich die Fortpflanzungsorgane des Jungkäfers deutlich von denen des geschlechtsreifen. Die Hoden sind noch unentwickelt und messen nur 0,8:0,6 mm. Die Samenbläschen sind auch noch kleiner, 0,21:0,13 mm. Am wenigsten entwickelt sind aber die Anhangsdrüsen. Alle anderen Teile, also vor allem der Kopulationsapparat, sind voll ausgebildet. Hoden, Samenbläschen und Anhangsdrüsen verbleiben den ganzen Winter hindurch in diesem Jugendstadium und beginnen erst ungefähr im März sich voll zu entwickeln.

b) Weibliche. Die weiblichen Fortpflanzungsorgane bestehen aus den beiden Eierstöcken (Ovarien), den zwei Eileitern (Oviducte), dem unpaaren Eigang (Uterus) und der Scheide (Vagina) mit der Begattungstasche (Bursa copulatrix). Dazu kommen noch Samentasche (Receptaculum seminis) und Anhangsdrüse.

Jeder Eierstock besteht aus zwei Eiröhren. Sie sind beim reifen Weibchen vielfächerig und haben durch die Aufeinanderfolge von Auftreibungen (Eianlagen) und den Einschnürungen zwischen zwei Eifächern ein perlschnurartiges Aussehen. Die Eier in den Eiröhren sind am Beginn der Röhren am kleinsten und nehmen gegen die Mündung in den Eileiter an Größe immer mehr zu. Am Ende vor der Einmündung liegen die größten, legereifen Eier. Vor den Eifächern befindet sich das längliche Keimfach oder die Endkammer, die keine Einschnürung aufweist. Die beiden Endkammern einer Seite nehmen ihren Anfang in einem gemeinsamen fadenförmigen Gebilde, dem Endfaden. Die zwei Eiröhren jeder Seite vereinigen sich zum Eileiter und die beiden Eileiter münden in den unpaaren Uterus. Dieser ist ebenso wie seine dorsale, große Ausbuchtung, die Begattungstasche, mit einer Chitinintima ausgekleidet, da beide durch Einstülpung des Ektoderms entstanden sind. Wo der Uterus in die Bursa cop. übergeht, steht die kleine, hakenförmig gekrümmte und ebenfalls mit Chitin ausgekleidete Samentasche durch einen engen Schlauch mit ihm in Verbindung. Mit dem Receptaculum seminis ist eine kleine, rundliche, weiße Drüse, die Anhangsdrüse, durch einen dünnen Ausführgang verknüpft. Das untere Ende des Uterus erweitert sich zur Scheide. Sie wird durch stärker chitinisierte Teile ihrer Wandung gestützt und geformt. Zu beiden Seiten liegen am hinteren Ende eine

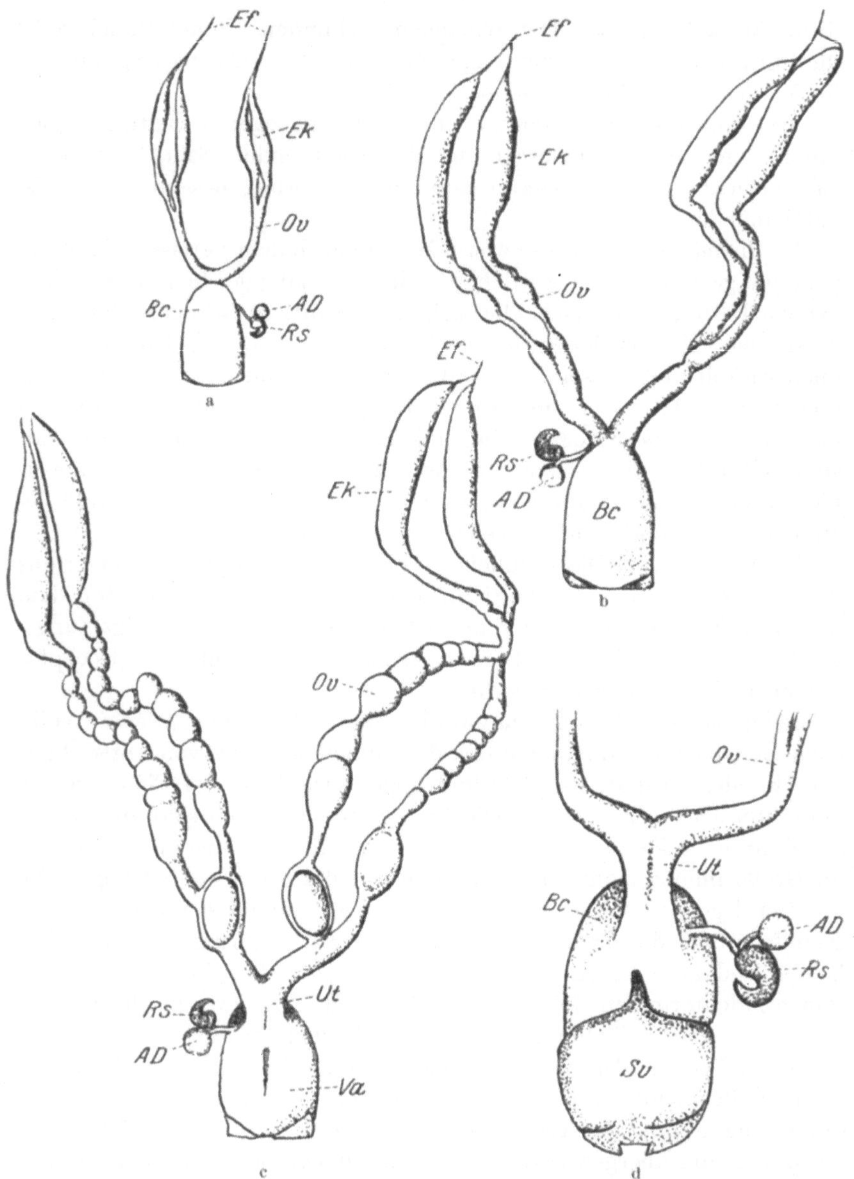

Abb. 12. Weibliche Fortpflanzungsorgane des *Sitona lineata L.* 20:1, Fig. d 50:1. a 1—5 Monate alt; b 7 Monate; c geschlechtsreif (8—9 Monate); d Mündungsende der weibl. Geschlechtswege von der Bauchseite gesehen. *AD* Anhangsdrüse, *Bc*-Bursa copulatrix, *Ef* Endfaden der Eiröhren, *Ek* Endkammer, *Ov*-Ovarium, *Rs* Receptaculum seminis, *Sv* Spiculum ventrale, *Ut* Uterus. (Nach D. J. JACKSON 1920 neu gezeichnet.)

kleine, dreieckige Platte, vor diesen ventral in der Mitte eine Chitinleiste. Ferner wird die ganze Ventralseite der Vagina durch chitinige Netzleisten versteift und eine große Chitinplatte (Spiculum ventrale) (Abb. 12*d*) ist durch Muskeln bauchseitig mit der Scheide verbunden.

Wie das Männchen, so ist auch das Weibchen nach dem Schlüpfen noch nicht geschlechtsreif. Es wird erst im Frühjahr, April bis Mai des folgenden Jahres fortpflanzungsfähig. Beim jungen Weibchen sind die Geschlechtsorgane außerordentlich klein und vollkommen unentwickelt. Im Gegensatz zum Jungmännchen, wo nur Hoden und die beiden Drüsen kleiner sind, beobachtet man beim eben geschlüpften Weibchen, daß alle Teile der Fortpfanzungsorgane noch außerordentlich klein sind. Außerdem haben die einzelnen Teile ein ganz anderes Größenverhältnis als später im geschlechtsreifen Zustand. Am kürzesten sind im Verhältnis die Eiröhren; auch zeigen sie keine Einschnürungen. Am längsten sind die Eileiter und der Endfaden, der bereits seine endgültige Größe besitzt. Auf diesem Zustande verbleiben die Geschlechtsorgane 5 Monate lang, also den Winter hindurch.

Im März beginnt ihr Wachstum und ihre Entwicklung. Sie erreichen am Ende des 7. Monats in allen Teilen die Größe, welche sie zu Beginn der Eiablage aufweisen werden, ausgenommen die Eiröhren, die erst ein Drittel ihrer Länge, die sie beim geschlechtsreifen Tier haben, besitzen. Auch zeigen sich erst ein paar Einschnürungen unterhalb des Keimfaches. Im April oder Mai ist die Entwicklung der Fortpflanzungsorgane beendet. Die Weibchen sind geschlechts- und legereif. Die Eiröhren haben aber noch nicht ihre endgültige Größe erreicht, da sie während der Legeperiode noch ungefähr auf das Doppelte ihrer Größe zu Beginn der Eiablage wachsen. Gegen Ende der Legezeit haben sie sich im Vergleich zu den übrigen Teilen der Geschlechtsorgane, die ihre Größe seit dem 7. Monat nicht veränderten, außerordentlich verlängert. In jeder Eiröhre können jetzt ungefähr 20 Eifächer gezählt werden, aber der auf das Keimfach folgende Teil wird dünner und zeigt keine Einschnürungen mehr. Die Eibildung im Keimfach hat aufgehört und die Endkammer selbst ist vielfach etwas kleiner geworden.

Nachstehende Tabelle zeigt die ungefähren mittleren Größen und das Wachstum der einzelnen Teile der weiblichen Geschlechtsorgane zu verschiedenem Zeitpunkt nach den Angaben JACKSONS auf.

Alter des Weibchens nach dem Schlüpfen aus der Puppenhülle	Größe in mm		
	Eiröhre	Endkammer	Uterus + Vagina
1–5 Monate	0,3	0,49	0,6
7 Monate	1,1	1,1	1,0
8–9 Monate (geschlechtsreif)	3,3	1,3	1,0
12–14 Monate (am Ende der Eiablage	6,4	1,2	1,0

7. Der Darmkanal. Der Darmkanal ist gut entwickelt und zeigt die gewohnte Gliederung in drei Hauptabschnitte, Vorder-, Mittel- und

Enddarm. Vorder- und Enddarm sind durch Einstülpung des Außenblattes entstanden und haben daher eine Chitinauskleidung (Chitinintima). Der Mitteldarm dagegen ist entodermalen Ursprungs und entbehrt deshalb der Chitinschicht.

Der Vorderdarm beginnt mit der Mundhöhle, die in den Schlundkopf (Pharynx) übergeht, der sich in die Speiseröhre (Ösophagus), den Kropf

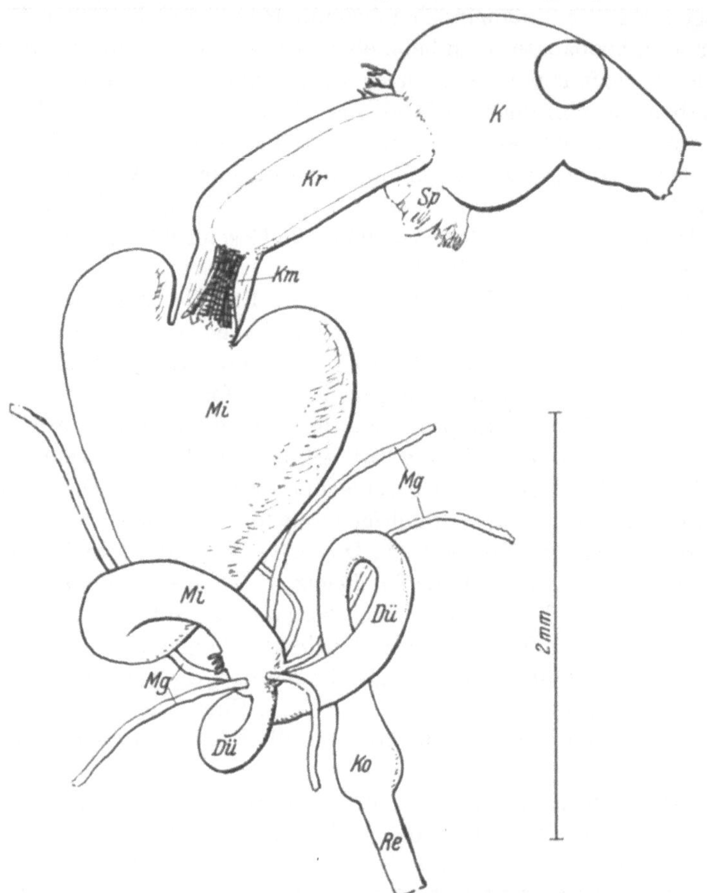

Abb. 13. Darmkanal von *Sitona lineata* L. *Dü* Dünndarm, *K* Kopf, *Km* Kaumagen, *Ko* Kotkammer, *Kr* Kropf, *Mg* Malpighische Gefäße, *Mi* Mitteldarm, *Re* Rektum, *Sp* Speicheldrüsen.

(Ingluvies) und den Kaumagen (Proventriculus) fortsetzt. Die Speiseröhre ist im Verhältnis kurz und durchzieht nur den Kopf. In sie münden die büschelförmig verästelten Speicheldrüsen, die noch in die Vorderbrust hineinragen. An die Speiseröhre schließt sich ein weiterer Abschnitt, der Kropf an. Man kann ihn auch als eine erweiterte Stelle der Speiseröhre betrachten. Je nach der Füllung hat er walzenförmige oder birnförmige Gestalt. Gegen die Speiseröhre zu ist er nur undeutlich abgegrenzt, weil diese sich allmählich zum Kropf erweitert. Dagegen ist er gegen den darauffolgenden letzten Abschnitt des Vorderdarmes, den sogenannten Kaumagen, durch eine Einschnürung deutlich abgesetzt. Wenn man will, kann man den Kropf schon unmittelbar hinter den Speicheldrüsen beginnen lassen, zumal die Chitinintima von hier ab bis zum Beginn des Kaumagens Härchen trägt, die im Anfangsteil des Kropfes nach der Mitte der Lichtung und abwärts gerichtet sind. Sie lassen daher die Nahrungsteilchen ungehindert in den Kropf gleiten, erschweren aber ihren Rücktritt in den Ösophagus, wenn die Kropfwandung sich zusammenzieht, um Nahrungsbrei in den Kaumagen zu befördern. Der Kropf ist nicht nur der weiteste, sondern auch der

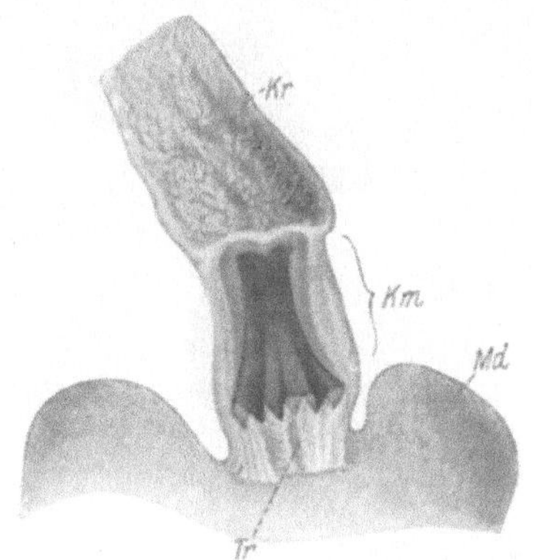

Abb. 14. Kaumagen mit Trichter und Anfang des Mitteldarms. 50:1. *Km* Kaumagen, *Kr* Kropf, *Md* Mitteldarm (Chylusmagen), *Tr* Trichter.

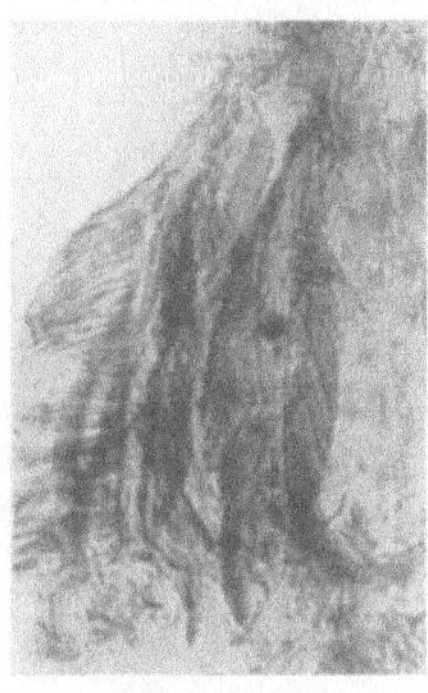

Abb. 15. 2 Kauapparate des Kaumagens stärker vergrößert. Etwa 100:1.

längste Abschnitt des Vorderdarms und reicht bis in die Hinterbrust. Er stellt das erste Staubecken für die Nahrung dar. In ihm beginnt die Verdauung durch Einwirken der Speicheldrüsenfermente.

Der Kaumagen ist im großen und ganzen walzenförmig. Sein Querschnitt ist kleiner als der des vor ihm liegenden Kropfes und auch als der des auf ihn folgenden ersten Abschnittes des Mitteldarmes. An dem frei gelegten Darmkanal fällt er sofort durch seine dunkel durchschimmernde Chitinauskleidung auf. Öffnet man den Kaumagen der Länge nach und breitet ihn aus, so kann man die acht stark chitinisierten Kauapparate deutlich erkennen. Sie gleichen in ihrer Gesamtheit im unverletzten Kaumagen einem Kegelzahnrad, dessen Zähne, die einzelnen Kauapparate, vorne (mundwärts) enger zusammenstehen als hinten. Die Lichtung des Proventriculus bildet daher einen achtzackigen Stern im Querschnitt, der mundwärts kleiner und afterwärts größer ist. Jeder Kauapparat besteht aus zwei aus Chitinlamellen zusammengesetzten

Chitinplatten, die miteinander einen spitzen Winkel bilden. Die Aufgabe des Kaumagens dürfte weniger in einer mechanischen Zerkleinerung der Nahrungsteilchen zu suchen sein, wie sein Name besagt, als vielmehr in einer Knet- und Mischeinrichtung bestehen, die die im Kropf bereits vorverdaute Nahrung noch inniger mit den Verdauungssäften in Berührung bringt. Außerdem spielt er sicherlich die Rolle eines Siebes, das nur die ganz feinen Nahrungsteilchen hindurchläßt und die gröberen noch zurückhält. Das Verbindungsstück zwischen dem Kaumagen und dem Mitteldarm stellt der ebenfalls mit Chitin und besonders Chitinborsten ausgekleidete Trichter dar.

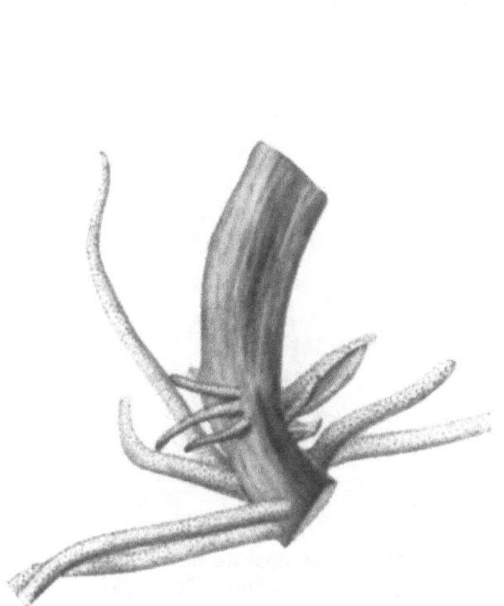

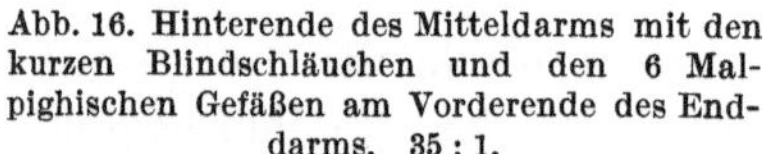

Abb. 16. Hinterende des Mitteldarms mit den kurzen Blindschläuchen und den 6 Malpighischen Gefäßen am Vorderende des Enddarms. 35 : 1.

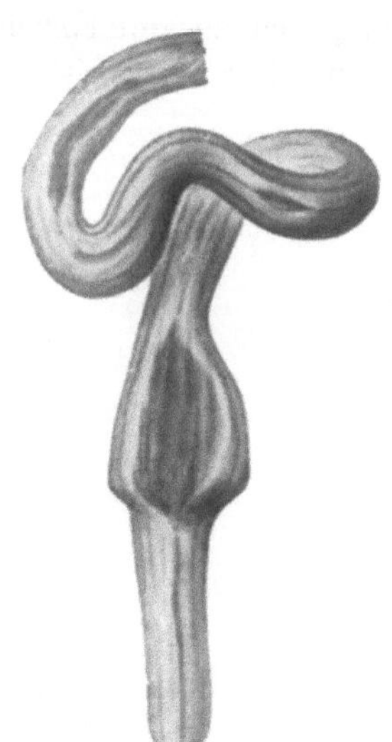

Abb. 17. Dünndarmschleifen, Kotkammer und Rektum. 35 : 1.

Der Mitteldarm (Chylusdarm) dient hauptsächlich der Nahrungsaufnahme durch die Darmwandung. Diese Aufgabe wird ermöglicht durch das Fehlen einer Chitintapete. Er besteht aus zwei Teilen. Der erste ist magenartig erweitert, verhältnismäßig geräumig und birnförmig gestaltet. Man würde vielleicht besser von einer Herzform des Magens sprechen, da er von links nach rechts weiter ist als in der Rückenbauchausdehnung. Außerdem ist der Kaumagen samt dem Trichter gleichsam in sein Vorderende versenkt, so daß der Magen links und rechts vom Proventriculus eine Blindkuppe vorwölbt. Sonstige blindsackartige Ausbuchtungen und Anhängsel kann man an ihm nicht beobachten. Nach hinten zu verschmälert sich der Magen allmählich und geht unmerklich in den schlauchförmigen zweiten Abschnitt des Mitteldarmes über. Dieser bildet eine Spiralschleife und weist einen größeren Durchmesser als der auf ihn folgende Dünndarm auf. Mitteldarm und Dünndarm sind deutlich gegeneinander abgesetzt. Vor der Verengerung zum Dünndarm gehen die sechs Malpighischen Gefäße ab. Ein Stück vor diesen münden zwei Gruppen von je vier bis fünf kurzen Blindschläuchen. Sonst zeigt auch dieser Teil des Mitteldarmes keine Auswüchse.

Der Enddarm ist wieder mit Chitin ausgekleidet. Er zerfällt gleichfalls in zwei Abschnitte. Hinter dem als Pylorus bezeichneten Muskelring, der den Mitteldarm gegen den Enddarm abschließt und die Speisebreizufuhr in den Dünndarm regelt, oder besser gesagt, den Nahrungsbrei im resorbierenden Mitteldarm solange zurückhält, bis die Nährstoffe durch die Darmwandung aufgenommen worden sind, folgt der sog. Dünndarm (Ileum). Es ist ungefähr doppelt solang als der schlauchförmige Mitteldarm, dafür aber enger. Er bildet zwei Schleifen. An seinem hinteren Ende ist er stark erweiterungsfähig zur Kotkammer. Diese wird durch einen ringförmigen Wulst gegen den zweiten Abschnitt des Enddarms, den Geraddarm oder das Rectum abgeschlossen. Der Geraddarm hat meist einen etwas kleineren Durchmesser als der übrige Enddarm, ist aber infolge seiner in Längsfalten gelegten Chitintapete erweiterungsfähig.

B. Das Ei.

Die frisch gelegten Eier sind gelblichweiß und besitzen eine längsovale Gestalt. Innerhalb kleiner Grenzen schwankt das Verhältnis von Länge zu Breite, so daß die einen etwas kugeliger, die andern dagegen länglicher erscheinen. Als kleinste Breite fand ich 0,26 mm, als größte 0,33 mm; als kleinste Länge 0,30 mm und als größte 0,41 mm. Als Durchschnitt ergaben die Messungen 0,285:0,350 mm. D. J. Jackson (1920) gibt an 0,29:0,36 mm und C. Urban (1929) fand 0,24:0,35 mm. Während der Entwicklung ändert sich die Größe und der Umfang des Eies nur sehr wenig. Durch zahlreiche Messungen konnte ich feststellen, daß es sich schon in den ersten Tagen ein ganz klein wenig in die Länge streckt, etwa um $^1/_{50}$—$^1/_{40}$ seines Längsdurchmessers. Nach Beobachtungen Jacksons (1920) haben die von einem reifen Weibchen zuerst gelegten Eier eine von der Norm abweichende Gestalt. Sie sind sehr lang und schmal und an beiden Enden zugespitzt. Die Durchmesser sind 0,46:0,19 mm. Eine ganz ähnliche Erscheinung beobachtete ich unter den letzten Eiern. Gegen Schluß der Legezeit, Ende Juli und August, finden sich unter normalen Eiern bei fast allen Weibchen zunächst ein paar und schließlich immer mehr spitze, weißbleibende Eier. Je mehr die Zahl der täglich gelegten normalen Eier abnimmt, um so zahlreicher werden im Verhältnis diese spitzen, bis schließlich überhaupt nur mehr solche erscheinen. Nach ein paar Tagen hört dann die Legetätigkeit ganz auf. Während die normalen Eier zu Anfang ihrer Entwicklung die Farbe über grau nach schwarz ändern, bleiben die spitzen Eier weißlich und entwickeln sich nicht.

Die nähere Beobachtung lehrt folgendes.

Die spitzen Eier, die die weißlich gelbe Farbe der unentwickelten normalen besitzen, auch ungefähr die gleiche Länge haben, erscheinen unter dem Mikroskop opak und durchscheinend. Man sieht deutlich, daß die meisten der Länge nach gleichsam aufgeschlitzt sind. Dieser Riß geht von einer Spitze zur anderen, einzelne sind quer geöffnet. Dann haben die Eier keine spitze Form, sondern erscheinen quer eingedrückt oder eingedellt. Oft klafft der Riß auseinander, so daß man ins Innere sehen kann, das den Eindruck erweckt, als ob das Ei größtenteils leer wäre und wir in allen diesen Fällen nur eine aufgeplatzte Eihülle vor uns hätten. Beim Zerschneiden oder Zerquetschen bemerkt man aber deutlich, daß noch ein sulziger Inhalt vorhanden ist, nur erweckt es den Eindruck, daß dieser stark eingetrocknet ist. Die Eier erinnern überhaupt zunächst an normale, aber infolge Feuchtigkeitsmangel stark eingetrocknete und daher geschrumpfte Eier. Daß es sich aber um keine solchen handeln kann, lehrt erstens, daß alle

a b

Abb. 18. Frisch gelegtes (a) und älteres (b) Ei von *S. lineata* L. 100 : 1.

spitzen Eier noch hell sind ohne Ausnahme, also noch gar nicht in die Entwicklung eingetreten waren, und zweitens sieht man unter dem Mikroskop deutlich den schon erwähnten Schlitz, während die eingeschrumpften Eier nur eine rinnenförmige Längsschrumpfung aufweisen.

Das Gewicht eines Eies beträgt 0,0153 mg. Auf 1 g gehen 65400 Eier und 370 Eier ergeben das Durchschnittsgewicht (5,7 mg) eines reifen *S. lineata*-Weibchens. Ein Weibchen legt also während seiner ganzen Legetätigkeit bis zum 5—6fachen seines Körpergewichts an Eiern.

Die Oberfläche der Eier erscheint dem unbewaffneten Auge und bei Lupenvergrößerung glänzend und glatt, bei stärkerer Vergrößerung aber leicht gerauht.

Es wurde schon erwähnt, daß zu Beginn der Entwicklung die Eier sich verfärben. Sie verlieren ihre gelblichweiße Farbe, werden zuerst grauweiß, dann grau und schließlich tiefschwarz. Nach D. J. Jackson vollzieht sich die Verfärbung in 2—3 Tagen. Das ist nur angenähert richtig. Die Schnelligkeit des Schwarzwerdens hängt von der Entwicklungsgeschwindigkeit ab und diese wird weitgehend durch die Temperatur und Feuchtigkeit beeinflußt. Zum Beweis seien einige Beobachtungen angeführt. Die Eier von *S. lineata* wurden schwarz bei 12° nach 48 Stunden, bei 14° nach 40 Stunden, dagegen bei 19° schon nach 22 Stunden. Bei sommerlichen Temperaturen ist die Zeit noch kürzer. C. URBAN (1929) hält das Schwarzwerden offenbar für ein Anzeichen, daß die Eier absterben, da er den Satz mit der Mitteilung des Verfärbens schließt mit den Worten: „sie kamen nicht zur Entwicklung".

C. Die Larve.

Die Larven sind opakweiß, nur Teile des Kopfes sind infolge stärkerer Chitinisierung gelblich bis dunkelbraun gefärbt. Die Gestalt ist walzenförmig rund und gegen Kopf und Afterende kegelig zugespitzt. Sie sind fußlos, haben keine Augen, aber kräftige beißende Mundwerkzeuge. Die segmentale Gliederung ist je nach Alter und Grad der Zusammenziehung

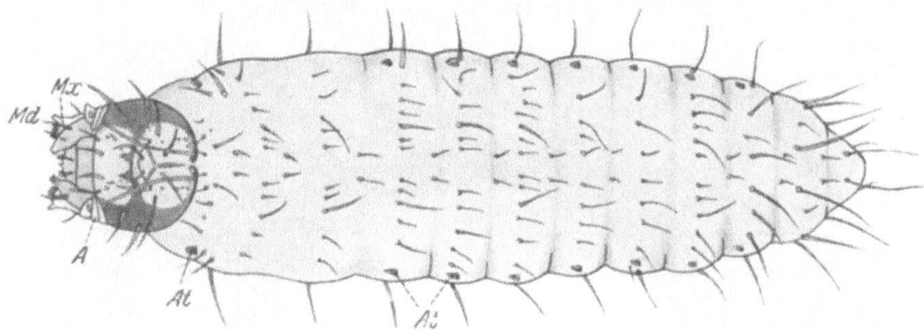

Abb. 19. Junge Larve vom linierten Graurüßler. 100 : 1. *A* Antenne, *At* Atemöffnung, *Md* Mandibel, *Mx* Maxille.
Die Abb. 19—24 sind unter Benützung entsprechender Bilder D. J. JACKSONS (1920) gezeichnet.

mehr oder weniger deutlich. Der ganze Körper ist mit verschieden langen und starken rotbraunen Haaren und Borsten besetzt.

Aufgefunden und beschrieben wurden die Larven und auch die Puppen zuerst von TH. HART (1882). Eine genaue Abbildung der eben geschlüpften und der ausgewachsenen Larve und eine gute Beschreibung ihrer Unterschiede findet sich bei D. J. JACKSON (1920).

Die eben geschlüpfte Larve ist sehr beweglich und kriecht viel und rasch umher. Je älter sie wird und je größer und fetter, desto träger und langsamer wird sie. Die ausgewachsene, verpuppungsreife Larve ist ziemlich langsam in ihren Bewegungen. Die Bewegungen der Larve bestehen in Krümmen des Körpers, Suchbewegungen mit Kopf und Vorderkörper und Ortsveränderung. Trifft ein lästiger oder schädlicher Reiz das Tier, so krümmt es sich wie viele Raupen sichelförmig bäuchlings ein und zieht den ganzen Körper auf eine Mindestlänge zusammen. Die älteren Larven findet man meist in dieser Haltung im Boden, die auch die toten und konservierten einnehmen. Die Fortbewegung der fußlosen Maden geschieht wurmartig durch abwechselndes Ausstrecken und Zusammenziehen der einzelnen Körperringe. Außerdem bildet das 10. Abdominalsegment einen muskulösen Wulst, der sich zusammenziehen und ausstrecken kann und wie eine Art Nachschieber bei der Fortbewegung dient. Vielleicht, daß auch die stärkeren der rotbraunen Borsten dabei mithelfen, indem sie wie eine Art Steigeisen zwischen den Sandkörnchen wirken. Daneben haben sie wahrscheinlich auch Schutzaufgabe dadurch, daß scharfkantige Quarzteilchen usw. von der Körperoberfläche abgehalten werden. Für ihre Mithilfe bei der Fortbewegung spricht der Umstand, daß die rascheren und wanderlustigeren Junglarven verhältnis-

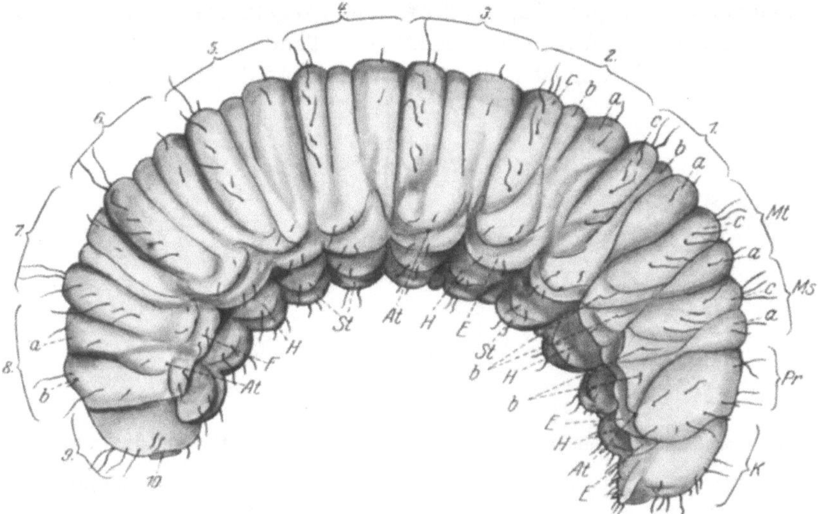

Abb. 20. Alte Larve des linierten Graurüßlers. 25 : 1. *K* Kopf, *Pr* Prothorax, *Ms* Mesothorax, *Mt* Metathorax, *1—10* Abdominalsegmente, *a* Präscutallobus, *b* Scutallobus, *c* Scutellarlobus, *At* Atemöffnung, *E* Epipleuralfeld, *H* Hypopleuralfeld, *St* Sternalfeld.

mäßig zahlreichere und viel stärkere und längere Haare und Borsten aufweisen als die älteren, ausgewachsenen.

Die Haare zeigen eine ziemlich regelmäßige Anordnung. Bei der jugendlichen Larve sitzen die längsten und stärksten hinten am Körper an den letzten 3—4 Segmenten. Auch der Kopf ist behaart. Die Borsten und Haare sind gürtelförmig angeordnet und sitzen bei der Junglarve in der Mitte des Segments, wo also jeder Körperring am stärksten gewölbt ist. Einige wenige (meist zwei) kleinere Härchen finden sich auch etwa auf der Grenze zweier Segmente. Bei der älteren und ausgewachsenen Larve werden die Haare spärlicher und im Verhältnis kürzer und schwächer. Der Körper ist jetzt deutlicher gegliedert und jedes Segment zerfällt, vom Rücken gesehen, durch zwei fast ebenso tiefe wie die Intersegmentalfurchen, aber an den Seiten bauchwärts nach der Mitte zu auslaufende Furchen in drei Felder, in die beiden breiteren Präscutal- und Scutellarloben und dazwischen dem schmäleren Scutallobus. Die Härchenreihe sitzt jetzt auf der Wölbung des Scutellarlobus, während der Präscutallobus dorsal ein paar kleine Haare trägt und der Scutallobus nur ein ganz kleines ziemlich bauchwärts auf jeder Seite. Kopf und Prothorax sind ebenso wie das 9. und letzte Abdominalsegment ungefeldert. Bei Meso- und Metathorax sind wie beim 8. Abdominalsegment der Scutallobus nur als keilförmige, seitlich ventrale Felder (gleichsam nur der Basalteil) ausgebildet. An den Basalteil des Scutalfeldes, in den auch der Scutellarlobus ventral übergeht, schließt sich, die ganze Ausdehnung jedes Segments einnehmend, das Epipleural- und daran das Hypopleuralfeld an. Das Sternalfeld mit einem allerdings schmalen und bei den mittleren und hinteren Abdominalsegmenten ganz fehlenden Poststernalfeld bildet bäuchlings die Begrenzung. Die Reihe der Scutellarlobushaare setzt sich dann auf die Unterseite des Körpers fort. Ferner ist noch eine zweite Reihe hier vorhanden, die mit dem Haar an der Basis des Scutallobus beginnt. Wir finden demnach auf dem Basisteil des Scutallobusfeldes, auf dem Epi- und Hypopleuralfeld und dem Sternalfeld je zwei Haare. Auf dem Epipleuralfeld liegen die neun Stigmen. Das erste Paar findet sich an der Grenze der Vorder- und Mittelbrust, die anderen Paare im 1.—8. Abdominalsegment. Bei der jungen Larve sind sie wieder im Verhältnis bedeutend größer als bei der erwachsenen.

Der Kopf ist in allen Altersstadien der Larven, wie die Maßzahlen ersehen lassen, im Verhältnis zum übrigen Körper sehr klein. Durch seine dunkelgelbe bis schwarzbraune Färbung hebt er sich aber schon bei der eben geschlüpften Larve deutlich ab. Bei dieser sind die Stirn und der dorsale Teil des Epikraniums noch farblos und durchscheinend, während sie bei der erwachsenen Larve stärker chitinisiert und dunkelgelb sind. Die Wangen und Seiten des Epikraniums sind schon bei der jungen Larve dunkelbraun. Auch umfaßt ein schmaler, brauner Chitinstreifen hinten das Epikranium. Oberlippe und Mundwerkzeuge sind zuerst hellgelbbraun gefärbt und später werden diese kastanienbraun und jene tief rotbraun. Die Mundgliedmaßen stehen als zwei Paar ungegliederte, kräftige Zangen, die Mandibeln und Maxillen, vom Kopf ab. Die Antennen sind sehr kurz und gedrungen und bestehen aus einem breiten, kurzen Basalglied und einem etwa kegelförmigen Endglied. Bei der erwachsenen Larve erscheint diese zweigliederige Antenne noch viel kleiner als bei der jungen. Daß sowohl bei den eben geschlüpften als auch noch bei den erwachsenen Larven der Kopf keine Augen besitzt, wurde schon erwähnt und hängt mit dem Leben in der Erde zusammen. Die Haare sind auch auf dem Kopf streng zweiseitig symmetrisch angeordnet.

Die hauptsächlichsten Körpermaße sind im Mittel folgende:

	eben geschlüpfte	ausgewachsene Larve
ganze Körperlänge	1,0 mm	6,3 mm
Körperbreite	0,3 mm	1,3 mm
Länge des Kopfes	0,19 mm	0,64 mm
Breite des Kopfes	0,17 mm	0,63 mm
Gewicht		etwa 6 mg

D. Die Puppe.

Die Puppe ist sehr beweglich und antwortet auf Berührungs-, chemische und andere Reize durch lebhaftes Hin- und Herschlagen des Hinterleibes, wodurch eine wälzende Fortbewegung zustande kommt. Sie ist weichhäutig wie die Larven und wie diese gelblichweiß. Die Länge schwankt zwischen 3,5 und 5,5 mm. Der Kopf ist wie bei vielen Käferpuppen gegen die Vorderbrust abgebogen. In der Rückenansicht ist daher von ihm nichts zu sehen als die Enden zweier langer Borsten des Scheitels, die über den Halsschild (Pronotum) hinausragen, und seitlich vom Mesothorax die distalen Enden der aufgerollten und geringelten Antennen. Der Brustabschnitt nimmt fast die Hälfte der Gesamtlänge der Puppe ein. Seine drei Abschnitte sind ungleich lang. Am längsten ist das Pronotum, fast ebenso lang das Metanotum und am kürzesten, nicht einmal die Hälfte des Metanotums, das Mesonotum. Das Abdomen besteht aus neun deutlichen, ungefähr gleich langen Segmenten, deren Breite vom 4. an abnimmt. Das 10. ist sehr klein und in der Rückansicht überhaupt nicht sichtbar. Es besteht aus zwei Feldern, dem Tergit oder Supraanalfeld und Sternit oder Infraanalfeld. Denken wir uns die Körperanhänge weg, dann weist der Körper eine langgestreckte Spindelform auf.

Von den Körperanhängen sind in der Rückansicht der Puppe noch die Oberschenkel der Beine zu beiden Seiten sichtbar. In der Nähe des Femur-Tibiagelenkes stehen ein paar große, gebogene Borsten. Die Flügelanlagen laufen wie ein faltiger, linker und rechter Nackenschleier vom Rücken an den Seiten des Körpers, zwischen den Oberschenkeln des 2. und 3. Beines bauchwärts.

Charakteristisch ist wieder die Behaarung und die gesetzmäßige und streng spiegelbildliche Anordnung der Borsten. Der Kopf weist neben einigen Paaren kleiner Borsten drei Paar größere auf. Sie wachsen aus einem kegelförmigen Zapfen, der namentlich bei den Scheitelborsten sehr deutlich und groß ist, und endigen mit einer feinen, hakenförmig gekrümmten Spitze. Der Halsschild (Pronotum) ist mit mäßig langen, fast gleichmäßig über die ganze Fläche verteilten Borsten versehen, die alle nach aufwärts und vorne gerichtet sind. Sie erheben sich wie alle Haare des Thorax auf kleinen, kegelförmigen Papillen. Das Mesonotum weist je eine Gruppe von vier Borsten links und rechts der Mittellinie auf. Einzelne der Haare verdicken sich keulenförmig gegen das Ende. Gelegentlich finden sich noch je zwei kurze Borsten vor den beiden Vierergruppen. Ebenso ist auch das Metanotum ausgestattet. Auch hier sind zwei ganz ähnliche Gruppen von Haaren symmetrisch rechts und links der Rückenmitte von je drei oder vier Borsten zu sehen und gelegentlich stehen auch hier vor diesen noch je zwei kürzere. Die Haare von Mittel- und Hinterbrust

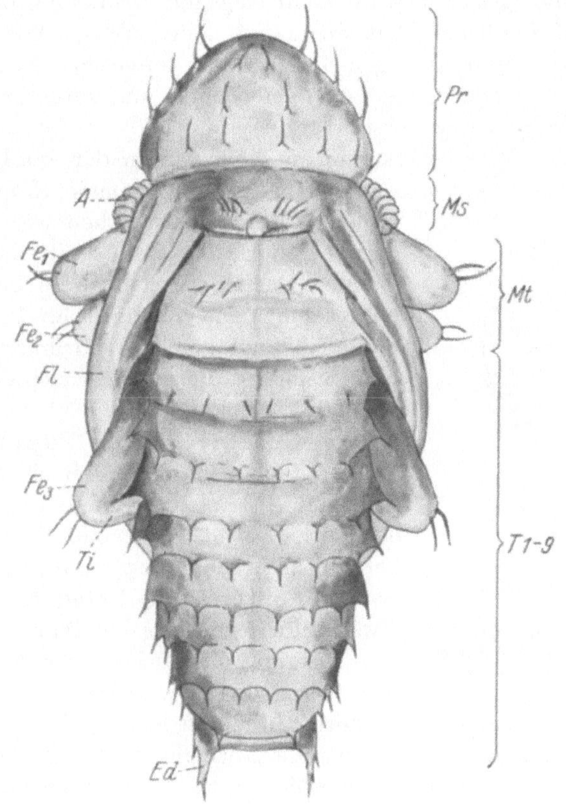

Abb. 21. Rückenansicht der Puppe des linierten Graurüßlers. 25 : 1. *A* Antenne, *Ed* Enddarm, Fe_{1-3} Femur des 1.—3. Beinpaares, *Fl* Flügelanlagen, *Ms* Mesonotum, *Mt* Metanotum, *Pr* Pronotum, *T 1—9* Tergite der Hinterleibssegmente 1—9, *Ti* Tibia des 3. Beinpaares.

stehen nach aufwärts. Die Borsten der ersten acht Abdominalsegmente sind reihenweise angeordnet. Sie stehen nicht in der Mitte eines jeden Segmentes, sondern wie bei der erwachsenen Larve ungefähr im hinteren Drittel. Sie sind viel kürzer als die Thoraxhaare und nach hinten gerichtet. Auch sie wachsen wieder aus kegelförmigen Papillen, die bei den ersten Hinterleibsringen noch schwach entwickelt sind, bei den folgenden aber immer stärker und deutlicher werden. Ihre Zahl beträgt auf den Abdominalsegmenten 1—7 gewöhnlich acht, die in ungefähr gleichem Abstand zu je vier rechts und links von der Rückenmitte verteilt sind. JACKSON unterscheidet sie als ein Paar dorsale, zwei Paar ventrale und ein Paar pleurale Borsten. In der Nähe der letzteren liegen die Abdominalstigmen. Manchmal kommen noch sechs kürzere in jedem Segment dazu. Auf jeder Seite schiebt sich je eine zwischen Dorsal- und Lateralborste, eine zweite zwischen die lateralen und die dritte neben die Pleuralborste. Das 8. Segment trägt nur rechts und links eine kurze Borste auf deutlichen Papillen. Das 9. läuft an den beiden Seitenecken in einen großen, dornartigen Fortsatz aus, der gegen die Spitze mit winzig kleinen, spitzen Erhebungen versehen ist und seitlich eine rückwärts gerichtete dornartige Borste trägt.

Von den Mundwerkzeugen sehen wir in der Vorderansicht des Puppenkopfes eine unbewegliche, kurze, epistomale Hautfalte, die als Pseudolabrum anzusprechen ist. Sie trägt an den beiden Ecken je eine mittellange, kräftige Borste. Darunter schauen die breiten Mandibeln als beinahe quadratische Platten hervor. Unter ihnen ragen die gedrungenen Maxillarpalpen hervor, die zwischen sich die Unterlippe (Labium) sehen lassen.

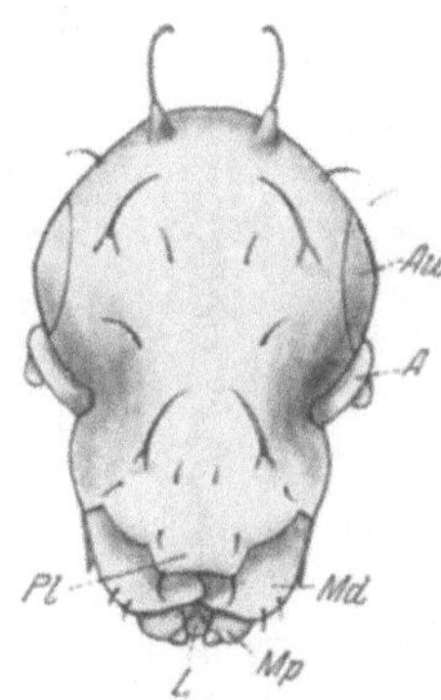

Abb. 22. Kopf der Puppe von vorne. 25 : 1. *A* Antenne, *Au* Auge, *L* Unterlippe, *Md* Mandibeln, *Mp* Maxillartaster, *Pl* Pseudolabrum.

Das Geschlecht der Puppen kann wie bei den Imagines an der verschiedenen Ausgestaltung der letzten Abdominalsegmente, die in der Seitenansicht und namentlich von ventral her gut zu erkennen ist, unterschieden werden. Bei den Puppen ist die Unterscheidung insofern etwas schwieriger, als bei ihnen nicht wie bei den Imagines die Rücken-, Seiten- und Bauchschilder so deutlich, auf den ersten Blick auseinanderzuhalten sind, sondern nur durch niedrige Wülste oder wenig angedeutete Furchen gegeneinander abgegrenzt werden. So ist das Epipleuralfeld, in dem die Stigmen liegen, nur dadurch gegen das Rücken- (Tergal-) Feld und das Hypopleurit abgegrenzt, daß seine welligen Ränder wulstig aufgetrieben sind. Dieser Wulst wird aber erst in den hinteren Segmenten deutlicher. Das Hypopleurit bildet ein flaches Feld, das durch eine mehr oder weniger sichtbare Schnittlinie ventral gegen das Sternit abgesetzt ist. Die Geschlechtsunterschiede sind hauptsächlich in der Gestalt des 7. Sternits und des 8. Tergits ausgeprägt.

Bei der weiblichen Puppe ist das 7. Sternit stärker gewölbt und vor allem hinten ventral herausgetrieben, so daß von der Seite gesehen seine untere Umrißlinie hinten stark gebogen ist. In der Bauchansicht ist seine hintere Begrenzung halbkreisförmig gerundet. Das 8. Tergit ist bedeutend kleiner und kürzer als im männlichen Geschlecht.

Bei der männlichen Puppe ist das 7. Sternit eine flache, nur von links nach rechts etwas gewölbte Platte. In der Seitenansicht ist daher die untere Umrißlinie gerade und nicht gegen das 8. Sternit vorgewölbt. Wie die ventrale Ansicht zeigt, ist sein Hinterrand fast geradlinig und bildet mit den Seitenrändern einen abgerundeten rechten Winkel. Das 8. Tergit ist verhältnismäßig lang und groß.

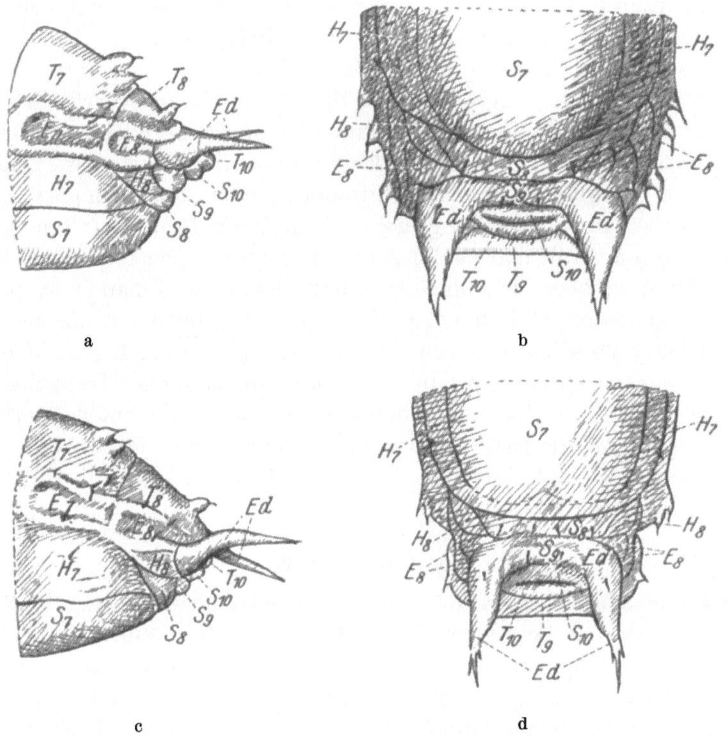

Abb. 23. Hinterleibsende der weiblichen (a u. b) und der männlichen (c u. d) Puppe. a, c Seiten-, b, d Bauchansicht. *Ed* Enddarm, $E_{7,8}$ Epipleurit des 7. u. 8. Hinterleibsegments, $H_{7,8}$ Hypopleurite, S_{7-10} Sternite, T_{7-10} Tergite der entsprechenden Hinterleibssegmente.

VI. Biologie.

Allgemeines.

Die Käfer lassen sich leicht in der Gefangenschaft im Arbeitszimmer halten. Zu Fütterungs- und Eiablageversuchen zwingerte ich die Tiere pärchenweise in Glasschalen mit etwa 3 cm Höhe und 6 cm Durchmesser ein. Der Einfachheit halber waren sie mit gerilltem Glasdeckel statt mit Gaze verschlossen. Wenn man täglich einige frische Blätter reichte, fühlten sich die Tiere sehr wohl.

Zucht. Zur Entwicklung der Eier wurden diese in sogenannte Embryoschälchen gebracht, deren Boden mit doppelter Lage Filtrierpapier belegt war, das durch einige Tropfen Wasser ständig feucht gehalten wurde. In den so erhaltenen feuchten Kammern, die durch Glasplättchen verschlossen wurden, hatten die Eier genügend Feuchtigkeit. Außerdem war diese immer gleich groß (100%), was für Temperaturversuche nötig war. Für die Versuche über die Einwirkung der Luftfeuchtigkeit auf die Dauer der Eizeit wurden in Exsikkatoren mit Schwefelsäure- oder Kalziumchloridlösungen bestimmter Konzentrationen feuchte Kammern mit beliebigem, aber bestimmtem Feuchtigkeitsgehalt geschaffen.

Zur Aufzucht der Larven bis zur Puppe oder Imago verwendet man am besten Blumentöpfe, die mit Pferdebohnen oder Erbsen bepflanzt sind. Man kann dann eine Anzahl Eier in die aufgelockerte Erde streuen und durch leichtes Gießen einschwemmen, oder man zwingert Käfer selbst mit einem Gazeüberzug ein, der durch ein Drahtgestell gestützt, die Pflanzen umhüllt und an der Außenwand des Topfes durch ein Gummiband dicht anliegt. Diesen Gazebeutelabschluß wird man auch später, ehe die Jungkäfer schlüpfen, an den Töpfen anbringen, in die man die Eier selbst verbrachte und von vorneherein unter allen Umständen bei Zuchtversuchen im Freien, um unerwünschte Besucher fernzuhalten. Hier empfiehlt sich, die Töpfe einzugraben, damit sie nicht zu stark erhitzt werden und die Erde nicht so rasch austrocknet. Für größere Versuche kann man statt der Töpfe Kästen wählen, die ebenfalls mit Gaze abgeschlossen werden.

A. Der Käfer.

1. Lebensdauer. Die Käfer schlüpfen je nach der Witterung des Sommers von Juni bis September. Sie überdauern den Winter im Starrezustand und erscheinen im ersten Frühjahr, März, April. Bald schreiten sie zur Kopulation, legen den Sommer über Eier und sterben je nach Witterung und örtlichen Klimaverhältnissen nach der Eiablage von Anfang Juli an ab. In der Gefangenschaft lebten bei mir die meisten bis September, einige sogar bis Anfang November. *S. lineata* lebt also ein Jahr lang als Imago.

2. Ernährung. Was die Käfer fressen, ist im Abschnitt über Nahrungspflanzen zusammengestellt. Auf die Frage, zu welcher Tageszeit die Käfer fressen, findet man die verschiedensten Antworten. Öfters wird angegeben (so M. A. Fowler, R. Kleine 1928), daß die Käfer nachts fressen. J. Curtis (1860) u. a. dagegen beobachteten, daß sie im März und April zwischen 9 und 10 Uhr aus dem Boden kommen, um den ganzen Tag über an den Erbsen zu fressen. A. D. Baranov (1914) berichtet, daß die Käfer den größten Schaden in den Morgenstunden anrichten und sich tagsüber auf der Erde aufhalten. Nach diesen verschieden lautenden Meldungen darf man vermuten, daß die Käfer nicht immer zu einer bestimmten Tageszeit fressen, sondern sich dabei nach äußeren Verhältnissen, wahrscheinlich nach der Witterung richten. Daß tatsächlich die Witterung eine große Rolle spielt, erhellt schon aus einem Vergleich der Angabe CURTIS' mit einer JACKSONs (1922). JACKSON beobachtete, wie die Käfer im heißen Sommer 1921 während des Tages auf dem Boden unter verwelktem Laub u. dgl. der Kleefelder sich aufhielten, daß sie

Abb. 21. Fraßbild des linierten Graurüßlers an Erbsen- (oben) und Pferdebohnenblätter (Mitte und unten); schwacher (oben), mittelstarker (Mitte) und starker Fraß (unten). Nat. Größe.

dagegen, sobald es dunkel wurde, auf die Pflanzen hinaufkrochen. Im Frühjahr, wenn die Nächte und Morgenstunden kalt sind und tagsüber eine mäßige Wärme herrscht, fressen die Käfer also tagsüber und halten sich nachts verborgen. Dagegen verhalten sie sich gerade umgekehrt im Sommer, wenn während des Tages die Sonne brennt und die Temperatur der Abend-, Nacht- und Morgenstunden den Käfern besser behagt. Das gleiche zeigte uns auch die eigene Beobachtung im Freien und im Zimmer (s. Verhalten der Käfer bei verschiedenen Temperaturen).

Wir können also feststellen, daß die Käfer zu allen Tageszeiten fressen. Bei nassem, kaltem Wetter und bei hohen Temperaturen verbergen sie sich in der Erde oder zwischen den Blättern der Sproßgipfel (Pferdebohnen). Daher treffen wir ganz allgemein die Käfer im Frühjahr meist tagsüber beim Fraß, während der heißen Sommertage dagegen gewöhnlich in den kühlen Abend- und Morgenstunden oder in der Nacht.

Bezeichnend ist die Art des Fressens. Das Fraßbild (s. Abb. 24 u. 25), der gekerbte Blattrand, kommt auf folgende Weise zustande. Die Käfer sitzen beim Fressen rittlings auf dem Blattrand (Abb. 26), halten sich

Abb. 25. Starker Fraß des linierten Graurüßlers an Felderbsenpflänzchen (l.), mäßiger an Ackerbohnenkeimling (r.). Gefährdetes Stadium der beiden Hauptnährpflanzen des linierten Graurüßlers. An der linken Pflanze 2 Käfer etwas verkleinert.

mit den Tarsusgliedern links und rechts an der Blattspreite fest und nagen ein halbkreisförmiges Stück ab, das schließlich U-förmig wird. Dieses Fraßbild entsteht dadurch, daß der Käfer immer nur den vorderen Rand der Fraßkerbe benagt, indem er von oben, dem Blattrande beginnend, schmale Streifen abschneidet und dann am hinteren Kerbrande abreißt. Auf diese Weise ist der eine Rand, vom fressenden Käfer aus betrachtet, der Vorderrand der Kerbe glatt geschnitten, der andere, hintere unregelmäßig fein gezackt. Die U-Form der Kerbe ergibt sich dadurch, daß der Käfer, während er von oben nach unten nagt, unverrückt sitzen bleibt und nur seinen Kopf mit der Vorderbrust in einem Bogen auf und ab bewegt. So erklärt sich die Bogenlinie der Vorderseite.

Die der Rückseite ist die Folge davon, daß der Käfer, je tiefer und breiter die Kerbe wird, um so weniger weit zurücknagen kann, wenn er die Stellung seines Körpers nicht verändern will. Wir brauchen nur Abb. 26 anzusehen, um zu begreifen, daß der Käfer, wenn er einmal so weit, wie es die Zeichnung darstellt, genagt hat, kaum mehr über die Mitte am Grunde der Kerbe nach rückwärts nagen kann, ohne daß er die Vorderbeine zurücknimmt und den ganzen Körper fast senkrecht stellt. Das wäre aber ungeschickt, denn für die gleich darauffolgende Bewegung, Kopf und Vorderbrust wieder bis zum Anfang des Vorderrandes der Kerbe zu heben, müßte er in die alte Stellung zurückkehren. Dem kleinen Gewinn an Nahrung, der also durch den Stellungswechsel des Käfers erzielt würde, stünde ein vermehrter Arbeitsaufwand durch den zweimaligen Stellungswechsel gegenüber und außerdem würde dadurch noch das Tempo wesentlich verlangsamt werden. Das Fraßbild ist also die Folge zweckmäßiger Arbeitsweise. Daher werden die Kerben auch nicht breiter und

Abb. 26. Linierter Graurüßler am Blattrand nagend.

tiefer angelegt als bei der Größe des Käfers und lediglich durch die Auf- und Abbewegung des Kopfes und der Vorderbrust möglich ist. Dann hört er an dieser Stelle auf zu fressen und geht an eine andere, um eine neue Kerbe zu nagen. Wir finden daher für gewöhnlich das Blatt ringsherum am Rande benagt. Unregelmäßig wird das Fraßbild erst bei starkem Befall, wenn die Kerben des Blattrandes sich überschneiden (s. Abb. 24 unten u. Abb. 25 links). Auf diese Weise entsteht dann gewissermaßen ein neuer Blattrand, von dem aus neue Kerben in die Tiefe des Blattes genagt werden. So erklärt sich bei starkem Fraß das starke oder vollkommene Abnagen der Blattspreite bis auf die Hauptrippen. Bei eben entfalteten Bohnen- und Erbsenblättern kann man häufig beobachten, daß die Kerben ganz gleich und spiegelbildlich links und rechts angeordnet sind. Das rührt daher, daß die Käfer mit Vorliebe die noch zusammengefalteten Blätter benagen.

W e c h s e l d e r N a h r u n g s p f l a n z e n i m L a u f e d e s J a h r e s. Im ersten Frühjahr, wenn noch keine Erbsen und Pferdebohnen da sind, findet man die Käfer an Klee und Luzerne. Sobald die Bohnen und Erbsen auflaufen, wandern die meisten Käfer auf diese über, um nach deren Abernten wieder auf Klee und Luzerne zurückzukehren. Das hängt in erster Linie damit zusammen, daß Bohnen, Erbsen und auch Wicken die Lieblingsnahrung der linierten Graurüßler bilden, und daß sie als einjährige Pflanzen nicht das ganze Jahr über den Käfern zur Verfügung stehen.

Daß für die Bevorzugung einer Pflanze bei der Nahrungswahl nicht bloß Geschmacksunterschiede geltend sind, sondern noch andere Umstände eine wichtige Rolle spielen, zeigen folgende Beobachtungen. D. J. Jackson (1920) berichtet, daß die Käfer, wenn die Pflanzen eine gewisse Größe erreicht haben, bei den Pferdebohnen an den jungen, noch gefalteten Blättern am Gipfel der Pflanzen fressen und die unteren Blätter verschmähen, dagegen bei den Erbsen gerade umgekehrt die unteren, alten Blätter angreifen und die oberen unberührt lassen. Die gleiche Beobachtung konnte ich an einem Feld mit reihenweise abwechselnden Pferdebohnen und Erbsenpflanzen machen. Da war es auffallend, daß nur bei den Bohnen die Gipfelblätter gekerbt waren und bei den Erbsen ausschließlich nur die unteren, bodennahen. Zunächst könnte man an einen Unterschied in der Geschmacksgüte der Blätter denken. Daß die jungen, zarten Bohnenblätter den älteren vorgezogen werden, wäre weiter nicht verwunderlich; daß aber die jungen Erbsenblätter verschmäht und dagegen die älteren Erbsenblätter gefressen werden, erscheint sonderbar. Ein Fütterungsversuch zeigt, daß die jungen Erbsenblätter mindestens genau so gern genommen werden wie die jungen Bohnenblätter und daß auch kein auffallender Unterschied zwischen jungen und älteren Blättern der gleichen Art festzustellen ist. Die Erklärung für dieses eigentümliche Verhalten finden wir in dem Bestreben der Käfer, sich stets möglichst zu verbergen. Sieht man nämlich zu, wo sie sich am liebsten aufhalten, so sind das Verstecke, die der unebene Boden bildet, abgestorbene Pflanzenteile oder die dicht belaubten Gipfel der Pferdebohne, die mit ihren zusammengefalteten jungen Blättern den Käfern besonders behagen. Die auf dem Boden sich aufhaltenden Käfer gehen beim Fraß nur bis zu den unteren Blättern der Erbsen, die in den Pferdebohnengipfeln sitzen, dagegen gleich an die obersten Blätter. Der Umstand, daß die oberen Teile der Erbsenpflanzen den Käfern keinen guten Halt bieten, wie Jackson noch meint, dürfte weniger in Frage kommen. Daß die Gestalt der Nährpflanzen für die Nahrungswahl mit eine Rolle spielt, erwähnt auch H. Crebert (1928).

3. Überwinterung. Die im Sommer und Herbst geschlüpften jungen Käfer gehen nach Abernten der Sommerhülsenfrüchte auf Klee und Luzerne über. Hier fressen sie an warmen, sonnigen Tagen bis in den Spätherbst hinein. Ist die Witterung kalt, so halten sie sich unter den Pflanzen, in Erdritzen, unter langem Gras verborgen, bis sie schließlich aus ihren Verstecken überhaupt nicht mehr zum Vorschein kommen. Sie verbringen dann den Winter im Starrezustand in diesen Verstecken oder in der Erde dicht unter der Oberfläche, bis die ersten warmen Tage im März, April sie wieder aufwecken. Wenn die Käfer vielfach auf anderen Pflanzen, in Kiefernzapfen, auf Gräsern usw. angetroffen wurden, so haben sie dort sicher nur ihre Winterquartiere gehabt oder an kalten Tagen Schutz gesucht.

4. **Flug.** Nach dem Wiedererwachen im Frühjahr fressen die Käfer zunächst an den Blättchen des Klee. Sobald aber Erbsen und Bohnen aufgelaufen sind, treffen wir sie an diesen, und zwar nicht bloß, wenn die Felder ihrem bisherigen Aufenthaltsort benachbart sind, sondern wenn sie auch in einiger Entfernung voneinander liegen. Was ihnen die Witterung verschafft oder ob sie beim Umherfliegen die Erbsen und Bohnen zufällig finden, ist nicht bekannt. Gewöhnlich sieht man die Käfer nicht fliegen. JACKSON (1928) sah einige *S. hispidula* an sonnigen Tagen fliegen. Bei meinen Aktivitätsversuchen und in der Temperaturorgel wurden die Tiere gleichfalls durch höhere Temperaturen (26 bis 30°) zum Fliegen veranlaßt. Meinem Dafürhalten nach ist es aber nicht die Wärme allein, die die Käfer zum Fliegen bringt, sonst müßten sie im Sommer am meisten fliegen, sondern irgendwelche andere Faktoren müssen noch mitspielen, daß sie gerade im Frühjahr und dann im Herbst wieder die Jungkäfer fluglustig sind. Nach dem Fliegen werden zunächst die Decken über den noch in der ganzen Länge ausgestreckten, häutigen Flügeln geschlossen, so daß diese ein gutes Stück hinten unter den Elytren hervorstehen. In einigen Sekunden verschwinden die Flügelenden unter den Decken, ohne daß diese gehoben werden, als ob sie eingesaugt würden.

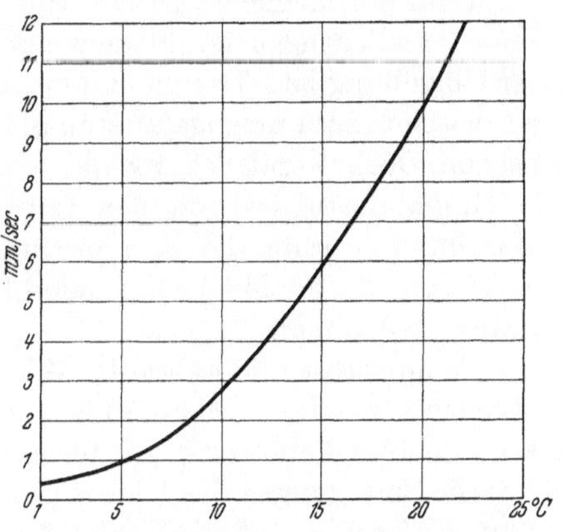

Abb. 27. Abhängigkeit der Laufgeschwindigkeit von der Temperatur.

5. **Laufen.** Das Besondere daran ist, daß die Käfer sich ruckweise fortbewegen. Sie laufen ein kurzes Stück, bleiben plötzlich ohne sichtbaren Anlaß stehen und laufen nach kurzer Zeit wieder ein Stück weiter. Dieser Umstand und daß sie sich gerne unter Erdbrocken verstecken, läßt sie schwer auf dem Erdboden verfolgen. Die Schnelligkeit des Laufens hängt von der Temperatur ab, wie Abb. 27 zeigt.

6. Totstellreflex. Bei Annäherung lassen sich die Käfer von den Pflanzen zu Boden fallen und bleiben eine Zeitlang regungslos auf dem Rücken liegen. Es handelt sich hierbei um den Totstellreflex, der wahrscheinlich durch die Erschütterung ausgelöst wird. Die Käfer verfallen dabei in einen Starrezustand, der von der Totenstarre aber deutlich unterschieden werden kann. Die Tiere liegen auf dem Rücken und haben meistens die Beine dicht an den Körper angezogen. Oberschenkel und Schiene sind gegeneinander stark abgewinkelt. Diese Starre dauert einige Sekunden, dann wird der Käfer wieder lebendig, regt zuerst die Fühler, dann die Beine, dreht sich überraschend schnell um und läuft eiligst weg, um sich in einem Versteck zu verbergen.

7. Verbergen. Das Verbergen der Käfer hängt mit der stark ausgeprägten Thigmonastie dieser Tiere zusammen. Sie fühlen sich am wohlsten, wenn ein möglichst großer Teil ihrer Körperoberfläche, außer den Beinen vor allem noch der Rücken in Berührung mit anderen Gegenständen ihrer Umgebung ist. Darum halten sie sich im Freien unter Erdklumpen oder zwischen zusammengefalteten Blättern, oder im Zuchtglas in der Ecke zwischen Deckel und Seitenwand oder unter Blättern am liebsten auf. Die Thigmonastie ist von der Temperatur abhängig. So krochen die Käfer immer, wenn die Temperatur unter 15° fiel, unter die Blätter, die auf dem Boden der Zuchtschalen lagen. Hier standen sie dann dicht gedrängt zusammen.

8. Temperaturabhängigkeit. Wie alle Insekten, so ist auch *S. lineata* weitgehend in seinen Lebensäußerungen von der Temperatur abhängig. Diese Abhängigkeit wurde für unseren Käfer experimentell festgestellt für a) die Bewegungen des Käfers (Aktivität), b) die Vorzugstemperatur, c) Laufgeschwindigkeit und d) für die Eiablage (s. diese).

a) Die Aktivitätsversuche wurden nach der von S. Bodenheimer ausgearbeiteten Methode mit etwas abgeänderter Versuchsanordnung angestellt. Zwischen den beiden Endpunkten, Beginn der Kältestarre und Wärmetod, wurden noch sechs Stufen unterschieden. Stufe 1 = sehr geringe Aktivität, ganz wenige und sehr langsame Bewegungen. Stufe 2 = geringe bis mittlere Aktivität, die Tiere sind ruhig, laufen nur hier und da etwas umher, Bewegungen langsam bis mittelrasch. Stufe 3 = starke Aktivität, Tiere lebhaft, wenn sie nicht in Ritzen verborgen sind, laufen sie viel und rasch umher. Stufe 4 = sehr starke Aktivität, Tiere sehr lebhaft, halten sich zwar gerne ruhig in Verstecken, laufen sonst aber sehr rasch und ruhelos umher. Stufe 5 = höchste Aktivität, höchste Erregung läßt die Tiere auch in Verstecken nicht mehr zur Ruhe kommen, die Bewegungen werden zappelig, ungeordnet, so daß sie die Glaswände nicht mehr hoch klettern können und sich lange vergeblich bemühen, wieder auf die Beine zu kommen, wenn sie auf den Rücken gefallen sind. Als Stufe 6 wurde der Beginn der Wärmestarre bezeichnet, die Aktivität wird fast null, die Käfer liegen auf dem Rücken und zucken nur noch mit den Beinen; manchmal raffen sie sich noch ein- oder zweimal auf und taumeln eine Zeitlang umher. Das Ergebnis zahlreicher Versuchsreihen war im Mittel folgendes:

Beginn der Kältestarre	Beginn der Aktivitätsstufen						Wärmetod
	1	2	3	4	5	6	
0,7°	0,7°	2,0°	23,9°	33°	37,5	42,5°	44,3°

b) Als Vorzugstemperatur wurde mit der HERTERschen Temperaturorgel 25° festgestellt. Männchen und Weibchen zeigten keine merklichen Unterschiede. Während die Vorzugstemperatur nicht leicht zu bestimmen war, war die Schrecktemperatur verhältnismäßig einfach festzustellen. Sobald die Käfer vom kühleren Ende her an die Grenze von im Mittel 32,8° kamen, schreckten sie deutlich zurück, indem sie unvermittelt stehen blieben, schleunigst kehrt machten oder aufflogen.

c) Die Abhängigkeit der Laufgeschwindigkeit zeigt die Kurve der Abb. 27. Bei niederen Temperaturen ist die Geschwindigkeit nicht nur sehr klein, sondern wird auch bei Temperaturzunahme verhältnismäßig wenig schneller. Je höher sie steigt, um so rascher laufen die Käfer und um so größer wird auch die Geschwindigkeitszunahme für 1° Temperaturerhöhung. Von etwa 12° ab bleibt die Geschwindigkeitszunahme aber fast gleich, die Kurve geht angenähert in eine Gerade über.

9. Begattung. Die Begattung beginnt kurze Zeit nachdem die Tiere ihre Winterquatiere verlassen haben; der Beginn hängt somit von der Temperatur der Monate Februar bis Mai ab. Je früher in einem Landstrich das Frühjahr kommt, um so eher im Jahr erscheinen die Käfer und um so früher findet Begattung und Eiablage statt. Man sieht zwar während der Frühjahrsmonate am meisten Käfer in Kopulation, trifft sie aber auch noch später, bis die Altkäfer verschwunden sind, in Begattungsstellung an.

Ob ein Weibchen im Freien mehrmals begattet wird, kann ich nicht mit Sicherheit sagen. Da man die Käfer sehr oft aber im Freien in Kopulation findet und da es viele Male in der Gefangenschaft beobachtet wurde, so möchte ich mit großer Wahrscheinlichkeit annehmen, daß es auch im Freien der Fall ist. Notwendig scheint es mir nicht zu sein um alle Eier zu besamen. So legte das Weibchen Nr. II in meinen Eiablageversuchen 1930, nachdem bereits das Männchen am 8. Mai verlorengegangen war, 1424 Eier bis zum Juli, von denen sich auch die letzten noch entwickelten.

Die Kopulation ist an keine Tageszeit gebunden. Ich beobachtete sowohl im Freien als auch in der Gefangenschaft die Tiere zu allen Tageszeiten bei der Begattung. Sie ist auch nicht in besonderem Maße von der Temperatur abhängig und findet in dem ganzen Temperaturbereich, in dem die Tiere sich überhaupt regsamer zeigen, also von etwa 15° bis zu fast 30° statt.

Über die Dauer der Kopulation lehrten zahlreiche Beobachtungen, daß sie sehr schwankt. Durchschnittlich beträgt sie etwa 1 Stunde, sehr oft aber auch nur $^3/_4$ oder $1^1/_4$—$1^1/_2$ Stunden. In manchen Fällen wurden die Käfer nur kurze Zeit, bis zu 15 Minuten, in Begattungsstellung angetroffen, in anderen dagegen bis zu 2 Stunden. Die Dauer der Kopulation ist von der Temperatur gleichfalls unabhängig. Die Umklammerung durch das Männchen dauert meist viel länger als die Begattung selbst. Es läßt sich das Männchen meistens noch eine längere Weile ($^1/_4$ Stunde) vom Weibchen umherschleppen.

Abb. 28. Eine Art der Begattungsstellung des linierten Graurüßlers.

Bei der Begattung reitet das Männchen auf dem Rücken des Weibchens. Dieses wird von rückwärts bestiegen, mit den Füßen seitlich umklammert und so fest gehalten. Dabei kommen zwei Stellungen vor. Entweder reitet das Männchen so auf dem Weibchen, daß nur sein Hinterleibsende dem Körper des Weibchens angeschmiegt ist, der Vorderkörper dagegen absteht (Abb. 28). Dann werden zur Umklammerung gewöhnlich nur die beiden ersten Beinpaare benutzt, das dritte stützt sich nach rückwärts auf den Boden. Die Körper des Männchens und Weibchens bilden in diesem Falle einen Winkel von etwa 30° miteinander. Oder aber das Männchen liegt mit seinem ganzen Körper auf dem Rücken des Weibchens und umklammert mit allen drei Beinpaaren das Weibchen (Abb. 29). Das Weibchen läßt entweder das Hinterleibsende auf dem Boden ruhen oder behält die gewöhnliche Stellung, den Hinterleib also vom Boden entfernt, bei. Da das Männchen durchweg kleiner ist als das Weibchen und sein Körper außerdem über den des Weibchens

Abb. 29. Andere Art der Begattungsstellung des linierten Graurüßlers.

hinten hinaus ragt, so umklammern die Vorderfüße das Weibchen meist zwischen dessen 1. und 2. Beinpaar und der gewöhnlich nach abwärts geneigte Kopf des Männchens ragt nicht über den Beginn der Elytren nach vorne. Die Fühler hält das Männchen ruhig seitlich oder etwas nach vorne gerichtet. In der Reitstellung verharrt das Männchen fast völlig bewegungslos während der ganzen Kopulationsdauer. Nur seine Hinterleibsspitze bewegt sich langsam zuckend ziemlich regelmäßig etwa alle 3 Sekunden gegen die Hinterleibsspitze des Weibchens. Bei diesen Bewegungen ist deutlich der durchscheinende honiggelbe Begattungsschlauch sichtbar.

Im Gegensatz zum Männchen, das während der Kopulation fast vollkommen bewegungslos ist und auf äußere Reize nicht antwortet, ist das Weibchen viel unruhiger. Es läuft sehr häufig mit dem Männchen auf dem Rücken umher, reibt die Beine gegeneinander oder putzt den Kopf. Nicht selten frißt es auch während der Begattung am Blattrand sitzend. Oft kann man beobachten wie es versucht mit den Hinterbeinen das Männchen abzustoßen. Es klettert im Zuchtgefäß an den glatten Glaswänden empor oder hängt an der Unterseite eines Blattes, so daß das Männchen an ihm hängt.

Die Umklammerung ist außerordentlich fest. Das Männchen läßt sich nicht nur durch die eben geschilderten Bewegungen des Weibchens nicht stören, sondern löst die Umklammerung auch nicht, wenn das Weibchen von einem Blatt oder beim Hinaufkriechen an den glatten Glaswänden des Zuchtgefäßes herunterfällt. Einmal konnte ich beobachten, wie ein Pärchen in Kopulation so an ein Blatt kam, daß dieses mit dem Rand zwischen das Männchen und Weibchen sich einschob. Trotz allen Zerrens und Weiterstrebens des Weibchens ließ das Männchen nicht los, so daß schließlich jenes wieder zurückgehen mußte. Ich versuchte oft Pärchen dadurch zu trennen, daß ich das Männchen mit der Pinzette faßte und aufhob. Meist zappelte dann das Weibchen, aber das Männchen lockerte die Umklammerung nicht.

10. Eiablage. Die Eiablage erfolgt durch überwinterte Käfer (s. Fortpflanzungsorgane). Diese paaren sich bald, durchschnittlich etwa 14 Tage nach dem Verlassen ihrer Winterquartiere und beginnen gleich mit der Eiablage. Der Zeitpunkt des Beginns hängt von den Klimaverhältnissen und der jeweiligen Frühjahrswitterung ab. In Gegenden mit baldigem Frühling erscheinen die Käfer eher im Jahr und beginnen auch früher mit der Eiablage als in Landstrichen mit längeren Wintern. So fangen die Käfer in England anfangs April damit an, in Schottland dagegen erst Mitte Mai. Im Alpenvorland, in der Gegend um München, darf man rechnen, daß die Käfer Ende April, anfangs Mai mit der Eiablage beginnen. In Zentralrußland beginnt die Paarung Mitte Mai und die Eiablage erst Ende dieses Monats. Und in Lettland beginnt sie gar erst Mitte Juni.

Die Dauer der Eiablage hängt gleichfalls von den Klimaverhältnissen und der Witterung des einzelnen Jahres ab. Die Zusammenstellung auf S. 58 gibt darüber Aufschluß. Sie zeigt auch, daß die Eiablage sich überall wenigstens 2 Monate lang hinzieht.

Hält man die Tiere im Zimmer in der Gefangenschaft, so legen sie länger Eier als im Freien. Darauf macht bereits JACKSON (1920) aufmerksam, die beobachtete, daß ein Weibchen vom 21. April bis anfangs September legte und ein zweites vom 6. Mai bis Mitte November. Das gleiche bestätigen auch meine Untersuchungen. So legten z. B. von 11 Weibchen des Jahres 1930, die ich im Zimmer hielt, 8 noch im August, darunter eins bis 31. August, und nur 3 hörten schon im Juli auf. Dagegen beendeten 3 im Freien gehaltene Weibchen schon am 19. Juni, 29. Juni, 30. Juli die Eiablage. JACKSON führt das auf die Haltung in kleinen Gefäßen und auf den Einfluß an Nahrung zurück, die das Leben der Käfer und die Eiablage verlängern sollen. Das dürfte sicher nicht stimmen, denn Nahrung finden sie auch im Freien genügend. Die Legetätigkeit und die Zahl der Eier ist vielmehr deswegen im Freien kürzer bzw. geringer, weil die Käfer ungeschützter den Unbilden der Witterung, vor allem den hohen und tiefen Temperaturen ausgesetzt sind.

Die Zahl der Eier, die ein Weibchen im Laufe seiner Legeperiode ablegt, ist ziemlich beträchtlich. Sie schwankt aber individuell, wie folgende Zahlen zeigen:

Rußland, BARANOV (1914): 276, 382.
Großbritannien, JACKSON (1920): 354, 1655.
Rußland, GROSSHEIM (1928): Höchstzahl 1481.
Lettland: Höchstzahl 383.
Deutschland (Alpenvorland), ANDERSEN: 1928: 1947, 2403, 324, 975, 362, 341, 873, 806, 1424.
1929: 867, 1765, 182, 197, 489.
1930: 1461, 1941, 666, 1426, 2253, 1100, 1732, 2182, 2173, 981, 638, 1000, 988.

Meine Eizahlen stammen von Weibchen, die im Zimmer gehalten wurden. Im Jahre 1930 wurden von Weibchen, die ich in mit Gaze verschlossenen Glasschalen im Freien vor Regen geschützt gehalten habe, folgende Eimengen abgelegt: 1424, 1294, 978, 148 und 674. Da die Tiere in der Gefangenschaft alle unter gleichen Bedingungen lebten, so müssen die starken Schwankungen in der Eizahl auf Unterschiede der einzelnen Weibchen selbst zurückgeführt werden. Abgesehen von diesem individuellen Faktor, hängt die Zahl auch von äußeren Umständen ab. Wenn wir die Art und Menge der Nahrung außer Betracht lassen — im allgemeinen steht den Tieren im Freien die Nahrung ja in reichlichem Maße zur Verfügung und außerdem kommen zur Zeit der Eiablage fast immer Erbsen und Bohnen als Futterpflanzen in Frage —, so spielt vor allem die Temperatur eine große Rolle. Das drückt sich schon in der Zahl der täglich von einem Weibchen abgelegten Eier aus. Diese schwankt ziemlich stark. Man betrachte darauf hin das Kurvenbild in Abb. 30. Bemerkenswert ist, daß zu Beginn der Legetätigkeit die Weibchen einige Tage lang legen, oft 20 und mehr Eier täglich, und dann längere Zeit nichts mehr oder doch nur wenige Eier (s. Abb. 30). Erst Ende Mai, anfangs Juli legen sie in meinen Versuchen wieder regelmäßig und viel. Im Juni und Juni findet dann die Hauptlegetätigkeit statt. In den meisten Jahren werden von Anfang Juni bis Anfang Juli $^2/_3$ und mehr der gesamten Eimenge abgelegt. Nicht selten steigt jetzt die Eizahl eines Weibchens, falls das Wetter warm und trocken ist, auf über 50 täglich. So zählte ich 1930 bei 14 Weibchen vom 12. Juni bis 4. Juli 37mal über 50 an einem Tag von einem Weibchen gelegte Eier. Die Höchstzahl betrug 75; vier im Freien eingezwingerte Weibchen erreichten 21mal in der Zeit vom 31. Mai bis 26. Juni über 50 Eier an einem Tag. Die Höchstzahl war hier einmal 74. Der Einfluß der Temperatur auf die Eiablage macht sich auch in der Gesamtzahl der von einem Weibchen im ganzen abgelegten Eier bemerkbar. In meinen Zuchten wurden abgelegt:

Jahr	Jahres-durchschnitt eines Weibchens	Durchschnitts-temperatur Juni + Juli
1928	1050 Stück	21,5
1929	700 „	19,8
1930	1400 „	22,1

Gegen Ende der Legetätigkeit nimmt die tägliche Eimenge im allgemeinen wieder ab. Auch beobachtet man dann häufig die Ablage geschrumpfter spitzer Eier (s. S. 30), die taub sind, neben normalen entwicklungsfähigen. Ihre Zahl ist oft groß. So wurden von einem der im Freien gehaltenen Weibchen vom 1.—31. Juli neben 68 normalen Eiern 46 taube abgelegt.

Wohin werden die Eier abgelegt? Meist wird angegeben (A. D. Baranov 1914, A. Dobrodeev 1915, Kleine 1928, Report Riga 1925), daß die Eier rings um die Stengel der Pflanzen in die Erde abgelegt werden. Das trifft nicht zu. Schon die große Anzahl der von einem Weibchen hervorgebrachten Eier deutet darauf hin, daß keine Brutfürsorge anzutreffen sein wird. Tatsächlich beobachtet man, daß die Eier achtlos von den Weibchen einfach abgelegt werden, wo sie sich im Augenblick aufhalten. Versuche zeigten, daß eine Nahrungspflanze nur mittelbar für den Ort der Eiablage von Einfluß ist, da sich die Käfer meistens auf und um die Pflanzen aufhalten und dadurch die meisten Eier in der Nähe dieser zur Ablage kommen. Ein großer Teil wird sogar auf den Pflanzen selbst abgelegt, denn die Käfer legen den ganzen Tag über und gehen nicht von den Pflanzen herunter, um rasch wieder ein Ei in die Erde zu legen. Daß man meist wenig Eier auf den Pflanzen selbst findet, liegt

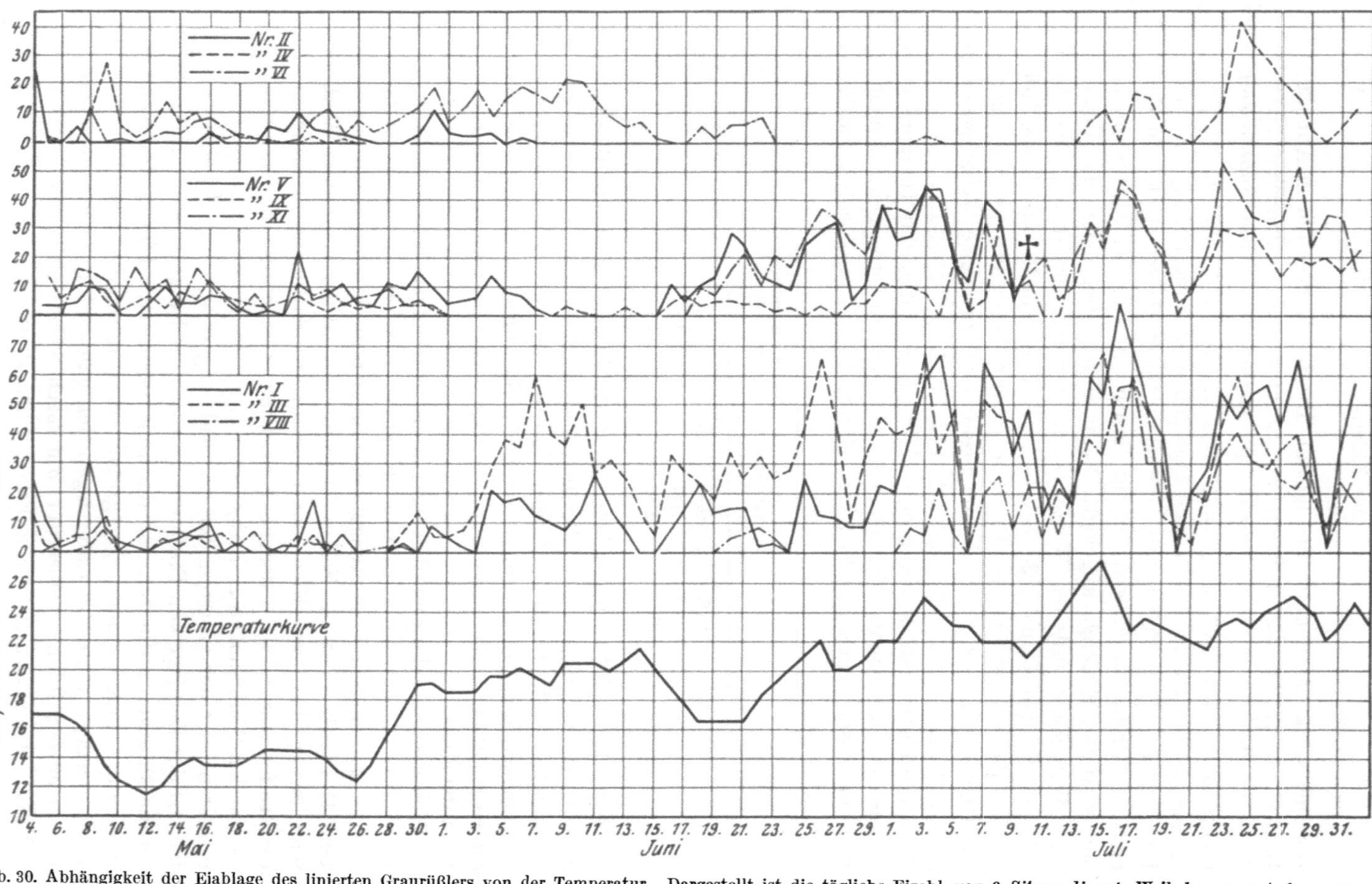

Abb. 30. Abhängigkeit der Eiablage des linierten Graurüßlers von der Temperatur. Dargestellt ist die tägliche Eizahl von 9 *Sitona lineata*-Weibchen von Anfangs Mai bis Anfangs August. Der starke Abfall der Eizahlkurven nach den starken Anstiegen erklärt sich durch vorübergehende Erschöpfung der Eiröhren.

daran, daß die Eier gewöhnlich gleich zur Erde rollen oder durch den Regen abgeschwemmt werden. Diese Befunde finde ich durch ähnliche Beobachtungen GROSSHEIMS (1928) bestätigt, der feststellte, daß die Eier auf den Blättern abgelegt werden, von wo sie durch Regen oder Winde in die Erdritzen gespült werden.

Als Durchschnittszahl der von einem Weibchen jährlich abgelegten Eier dürfen wir nach den oben mitgeteilten Zahlen rund 1000 annehmen. Unter 300 und über 2000 sind nicht häufig.

B. Die Larve.

Die Larven leben im Boden. Man findet sie je nach den örtlichen Klima- und Witterungsverhältnissen von Mai bis anfangs September. Über das Schlüpfen und ihre Entwicklung s. Abschnitt VII. Die Lebensgewohnheiten eines Insektes werden auf der Larvenstufe ausschließlich durch seine Ernährungsweise bedingt.

1. Ernährung. Noch J. CURTIS (1860) war über den Fraß der Larven nichts bekannt. Später fand man sie an den Wurzeln vor allem der Bohnen und Erbsen und sah in diesen ihre Nahrungsquelle. Neuere Beobachter trafen sie auch in den Bakterienknöllchen der genannten Pflanzen an, so daß heute allgemein die Ansicht verbreitet ist, daß sie an den Wurzeln und Bakterienknöllchen fressen (s. KLEINE 1928). Nach eigenen Beobachtungen und den Mitteilungen verschiedener neuerer Beobachter leben aber die Larven des linierten Graurüßlers zuerst nur von den Wurzelknöllchen und erst, wenn sie älter oder nahezu erwachsen sind, auch von den Wurzeln selbst. Dafür sprechen unmittelbare Feldbeobachtungen. Niemals findet man die jungen Larven an den Wurzeln fressen, sondern immer nur in oder an den Wurzelknöllchen. Das gleiche berichten z. B. BARANOV (1914) und JACKSON (1920). Beide bestätigen, daß eben geschlüpfte Larven, die keine Wurzelknöllchen finden, sei es, daß an den Wurzeln wenig vorhanden sind, sei es, daß durch starken Larvenfraß bereits alle ausgefressen sind, zugrunde gehen müssen. Dem entspricht auch das Ergebnis eines Versuches. Ich brachte eine große Anzahl Eier in Töpfe mit Erbsenpflanzen, deren Wurzeln wenig oder fast keine Knöllchen entwickelten, und die gleiche Anzahl in Töpfe mit Bohnenpflanzen mit vielen Wurzelknöllchen. Im ersteren Falle schlüpften wohl Larven, aber keine einzige entwickelte sich weiter, im zweiten Falle hingegen erhielt ich immer einige Käfer. Damit stimmen auch die Beobachtungen JACKSONS überein, daß bei den Zuchtversuchen selbst unter günstigsten Bedingungen aus sehr vielen Eiern immer nur einige Larven überleben und zu Käfern werden, obwohl nahezu alle Eier schlüpfen. Sie schließt sich der Meinung BARANOVS (1914) an, daß die meisten Larven dadurch zugrunde gehen, daß sie nach dem Schlüpfen keine Wurzelknöllchen finden, von denen sie sich ernähren können.

Ob die Wahl der Wurzelknöllchen als Nahrung durch die Larven mit dem großen Eiweißreichtum jener zusammenhängt, ist zwar nicht beweisbar, aber wahrscheinlich. Es müßte dann vom Beginn der Samenreife an sich keine Larve mehr entwickeln können, da der Eiweißgehalt von der Blüte an sehr schnell abnimmt und beim Beginn der Reife nicht größer als in den Wurzeln auch ist. Es scheint das auch zuzutreffen, denn vom Beginn des Fruchtens an konnte ich keine Larven und kurz darauf auch keine Puppen mehr entdecken.

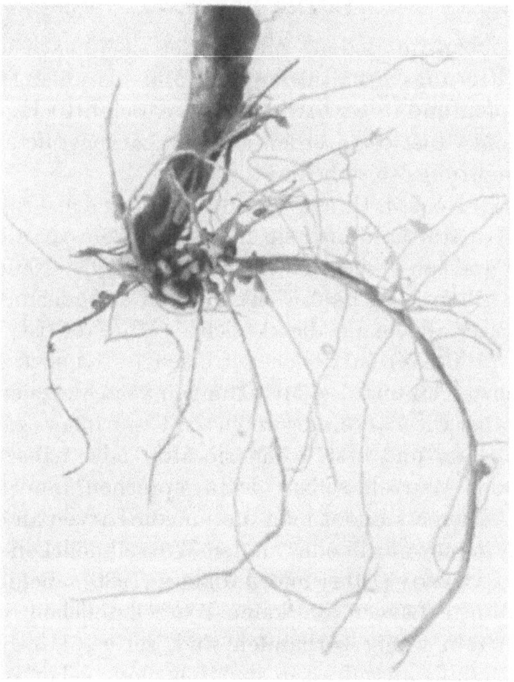

Abb. 31. Larven des linierten Graurüßlers fressen an den Knöllchen der Wurzeln einer Erbsenpflanze. (Nach D. J. JACKSON 1920.)

2. Vorkommen. Nach dem, was über die Ernährung der Larven gesagt worden ist, erklärt es sich leicht, daß man die eben geschlüpften Larven in den Wurzelknöllchen findet. Sie bohren sich durch ein winziges Loch ein und fressen sie bis auf die äußere Hülle leer. Dann beißen sie sich nach außen durch, suchen ein neues Knöllchen und wandern in dieses ein, um hier zu fressen. Erst wenn sie ungefähr $^1/_4$ erwachsen, also etwa 2 mm groß sind, bohren sie sich nicht mehr in die Knöllchen ein, sondern benagen sie von außen her, so daß man sie jetzt leichter findet. Daß bei stärkerem Befall auf diese Weise oft gleichzeitig sechs und noch mehr Larven an den Wurzeln einer Pflanze fressen und alle Wurzelknöllchen dadurch in kurzer Zeit zerstört werden müssen, ist nicht verwunderlich. Welche Folgen das für die später erscheinenden Larven hat, wurde bereits oben erwähnt. Daß die Larven allmählich immer tiefer in den Boden eindringen, je älter sie werden, wie A. D. BARANOV (1914) mitteilt, ergibt sich daraus, daß die jungen Larven, wenn sie aus den oberen Bodenschichten, wo sie aus den Eiern schlüpfen, in die Tiefe wandern, die zunächst gelegenen Wurzelknöllchen, das sind die obersten, befallen und wenn diese aufgezehrt sind, müssen sie eben zu immer tiefer gelegenen hinabkriechen. Die maximale Tiefe, in welche die Larven gehen (nach BARANOV 14 cm), richtet sich nach der Tiefe des Wurzelwerks der Nährpflanzen.

C. Die Puppe.

Wenn die Larven ausgewachsen sind, machen sie sich eine kleine, ovale Höhlung in der Erde, in der sie leicht gekrümmt gerade Platz haben. Die Wandung der Puppenhöhle ist glatt und im lehmigen Boden verhältnismäßig fest. Sie wird in 1—5 cm Tiefe angelegt. Über die Zeit und die Dauer der Verpuppung s. den Abschnitt Entwicklung. Die Puppe selbst ist sehr beweglich und zunächst opak weiß. Ungefähr nach der Hälfte der Puppenzeit beginnt die Ausfärbung. Zuerst werden die Augen braun, dann die Mundwerkzeuge und die oberen Teile der Oberschenkel und Schienen dunkler und bis zum Schlüpfen sind auch der Vorderkopf, die Antennen, die Flügeldecken und die Beine bräunlichgrau geworden. Nach dem Schlüpfen aus der Puppenhülle ist der ganze Käfer noch ziemlich hell, gleblichgrau und alle Chitinteile noch weich. Nur die Augen sind bereits schwarz, der Kopf bräunlichgrau und die oberen Teile der Oberschenkel und die ganzen Schienen dunkel ockerfarben. Die Käfer bleiben daher noch etwa 1 Woche (nach JACKSON 1920 5—6 Tage, nach GROSSHEIM 1928 etwa 10 Tage) in der Puppenzelle bis zum völligen Ausfärben und Erhärten der Kutikula. Zunächst werden Brust und Beine bräunlichgrau und die Flügeldecken graugelb. Allmählich dunkelt die Farbe überall nach, bis schließlich kurz vorm Verlassen der Erdzelle gewöhnlich die normale Farbe erreicht ist. Wenn die Käfer aus dem Boden kriechen, ist die Kutikula aber noch nicht vollständig erhärtet und die Flügeldecken sind noch weich.

VII. Entwicklung.

A. Embryonalentwicklung.

Die Zeitspanne von der Eiablage bis zum Schlüpfen der Larve ist die Eizeit. Ihre Länge ist weitgehend von Temperatur und Feuchtigkeit abhängig. N. A. GROSSHEIM (1928) fand, daß sie in Kiev und Poltawa zwischen 9 und 30 Tagen, A. D. BARANOV (1914) im Bezirk Moskau zwischen 14 und 16 Tagen und D. J. JACKSON (1920) zwischen 20 und 21 Tagen schwankt.

Nach meinen Untersuchungen (1930a und b) ist die Dauer der Eizeit in gesetzmäßiger Weise nicht nur von der Temperatur, sondern auch von der Feuchtigkeit abhängig. Bei 100% Feuchtigkeit hat sich als kürzeste mittlere Entwicklungsdauer $6^3/_4$ Tage bei 27^0 ergeben. Als kürzeste überhaupt 6 Tage bei der gleichen Temperatur.

1. Die Abhängigkeit von der Temperatur bei gleich bleibender Luftfeuchtigkeit (100%) läßt sich durch eine Kurve (Kettenlinie) darstellen, deren Gleichung lautet:

$$y = \frac{6,75}{2} \left(1,158^{27-x} + 1,158^{27-x}\right).$$

Für die Praxis würde es genügen, die Temperaturabhängigkeit der Dauer der Embryonalentwicklung durch die leichter und rascher zu berechnende Hyperbel nach der Wärmesummenregel wiederzugeben. Ihre Gleichung würde für unseren Fall lauten: $(T - 8,07)\ t = 116,3$[1].

Berechnet wurde die Hyperbel nach den experimentell gefundenen Werten für die Temperaturen 24^0 und 12^0. Es zeigt sich, daß sich wohl alle Werte zwischen diesen beiden Punkten hinreichend gut der Hyperbelkurve anschmiegen, die für die höheren Temperaturen aber stark abweichen, da die Hyperbel asymptotisch hier zur X-Achse verläuft, während die beobachteten Werte für die hohen Temperaturen wieder zunehmen, die empirische Kurve also ein Maximum aufweist. Umgekehrt nimmt die Hyperbel bei den tieferen Temperaturen schon bei 10^0 einen bedeutend größeren Wert an, als sie tatsächlich gefunden werden. Besser schmiegt sich ohne Zweifel die Kettenlinie, wie es in Abb. 25 dargestellt ist, den tatsächlich beobachteten Zeiten an. Das gilt gerade für die hohen Temperaturen, und bei den tieferen paßt sie noch sehr gut bis $8,5^0$. Ich setze deshalb die Kurvenabbildung aus meiner früheren Arbeit (1930a) hierher, die die Temperaturabhängigkeit der Eizeit durch die Kettenlinie von obiger Formel genauer wiedergibt als die Hyperbel. Ich will die Kurve nur noch nach den tieferen Temperaturen ergänzen. Durch Versuche im vergangenen Jahr ergab sich als mittlere Entwicklungsdauer bei $8,5^0$ 50 Tage (berechnet[2] 51,7) und für $8,2^0$ 62 Tage (berechnet[2] 53,4).

Bei einer Temperatur über 32 und 33^0 (kritischer Wärmepunkt) wurde kein Schlüpfen mehr beobachtet. Nach der Wärmesummenregel darf bei $8,07^0$ (kritischer Kältepunkt) keine Entwicklung mehr stattfinden. Wahrscheinlich liegt aber die untere Temperaturgrenze noch etwas tiefer, da die tatsächliche Entwicklungsdauer bei $8,2^0$ mit 62 Tagen einen verhältnismäßig kleinen Wert hat, gegenüber den theoretisch geforderten 895 Tagen.

2. Der Einfluß der Luftfeuchtigkeit macht sich in zweierlei Hin-

---

[1] T = Temperatur, t = Entwicklungsdauer in Tagen.

[2] Nach der Kettenlinienformel.

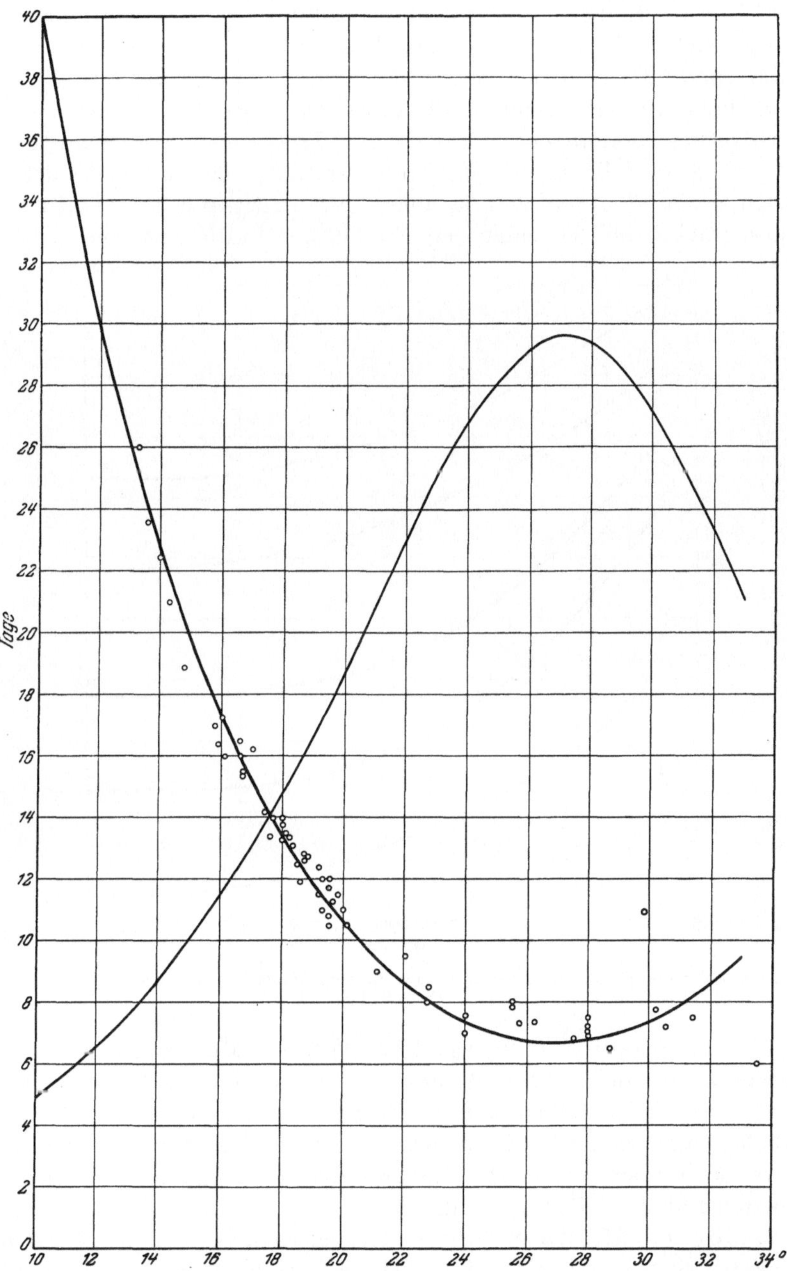

Abb. 32. Abhängigkeit der Dauer der Eizeit des linierten Graurüßlers von der Temperatur. Dicke Kurve: Entwicklungsdauer; dünne Kurve: Entwicklungsgeschwindigkeit (doppelt überhöht). (Aus K. ANDERSEN 1930a.)

sicht auf die Embryonalentwicklung bemerkbar. Bei Feuchtigkeitsabnahme wird 1. die Entwicklungsmöglichkeit überhaupt beschränkt und unter rund 62% Luftfeuchtigkeit gleich Null. Und 2. verringert sie in dem Maße, wie sie abnimmt, die Entwicklungsgeschwindigkeit. Diese Verzögerung nimmt mit zunehmender Trockenheit beschleunigt zu. Außerdem wird die Eizeit relativ um so mehr verlängert, je stärker die Feuchtigkeit abnimmt und je höher gleichzeitig die Temperatur ist. Kurvenbild (Abb. 33) zeigt den Einfluß der Luftfeuchtigkeit bei den

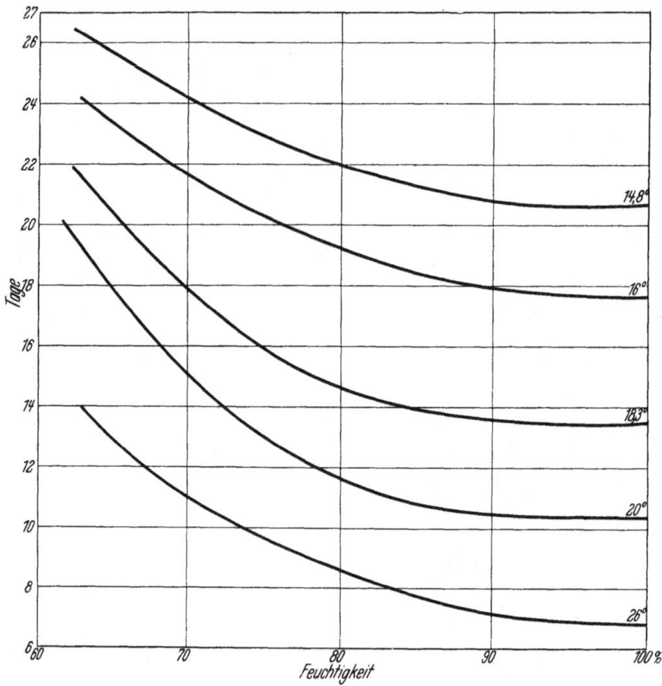

Abb. 33. Abhängigkeit der Dauer der Eizeit des linierten Graurüßlers von der Luftfeuchtigkeit bei 14,8°, 16°, 18,3°, 20° und 26°.

Versuchstemperaturen 14,8°, 16°, 18,3°, 20° und 26°. Die so erhaltenen Kurvenwerte wurden benutzt, um gleichzeitig den Einfluß von Temperatur und Feuchtigkeit auf die Eizeitdauer graphisch darzustellen. Abb. 34 zeigt, wie sich mit abnehmender Feuchtigkeit die Temperaturkurve nach oben verlagert. Näheres darüber möge man in meinen Arbeiten 1930a u. 1930b nachlesen.

3. Mortalität. Wichtig ist vom ökologischen Gesichtspunkt aus die Größe der Sterblichkeitsziffer bei den verschiedenen Temperaturen und Feuchtigkeitsgraden. Aus der Tatsache, daß man bei Zuchten nur einige (1—6) Käfer als Nachkommen eines Pärchens erhält, darf man

noch nicht schließen, daß die Sterblichkeitsziffer während der Eizeit sehr hoch wäre. Das gerade Gegenteil trifft zu. Die Zahl der ausschlüpfenden Larven beträgt zwischen 10° und 25° und zwischen 100% und 70% Luftfeuchtigkeit 100—60%. Wir kommen noch ausführlicher im Abschnitt IX darauf zu sprechen.

4. Verfärbung. Daß die Eier, die nach der Ablage zunächst opak weiß sind, mit Beginn der Embryonalentwicklung gelblich, dann hellgrau und immer dunklergrau und schließlich schwarzglänzend werden und daß die Geschwindigkeit der Verfärbung ebenso wie die der Entwicklung von der Temperatur und Luftfeuchtigkeit abhängt, wurde schon in Abschnitt V B erwähnt.

5. Schlüpfen. Beim Schlüpfen beißt die Larve an dem einen Eipol ein unregelmäßig gefranstes Loch, das so groß ist, daß sie den Körper gerade hindurchzwängen kann. Manchmal erscheint fast die eine Eihälfte abgerissen, in anderen Fällen ist die Eischale so durchstoßen, daß man es kaum mit der Lupe erkennen kann. Das Schlüpfen selbst erfolgt durch starkes Krümmen und heftiges Winden des ganzen Körpers.

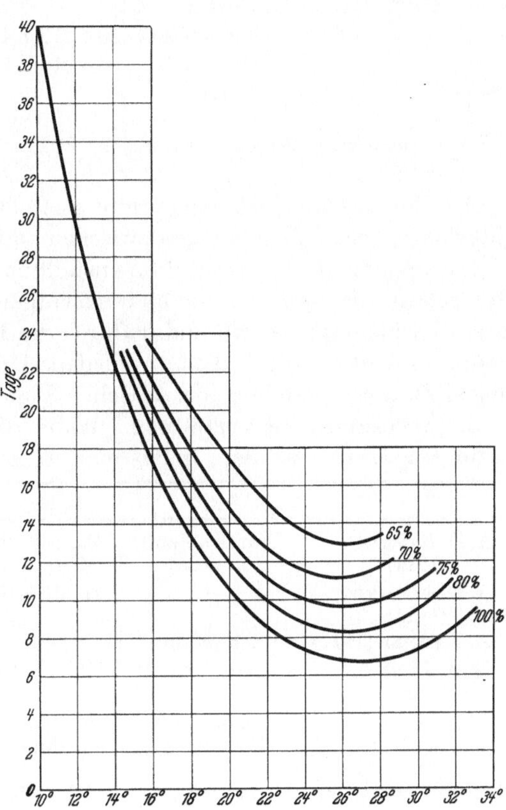

Abb. 34. Abhängigkeit der Eizeitdauer des linierten Graurüßlers gleichzeitig von Temperatur und Feuchtigkeit. Dargestellt ist der Kurvenverlauf für die Feuchtigkeitsgrade 100%, 80%, 75%, 70% und 65%.

B. Dauer und Zeit des Larven- und Puppenstadiums.

1. Larvenzeit. Die Dauer des Larvenstadiums ist ebenfalls von der Temperatur abhängig, wenn auch vielleicht nicht in so hohem Maße als die Eizeit. Genauere experimentelle Untersuchungen liegen darüber noch nicht vor. Die Angaben, die ich im Schrifttum fand, sind in folgender Tabelle zusammengestellt.

		Dauer der			
		Eizeit	Larvenzeit	Puppenreife	Schlüpfen der Käfer
A. D. BARANOV (1914)	Zentralrußland (Moskau)	14–16 Tg.	32–34 Tg	10–12 Tg.	ab Mitte VII[1]
A. DOBRODEEV (1915)	„ „	14 Tg.	–	–	VIII[1]
N. A. KEMNER (1914)	Schweden	–	28–42 Tg.	–	Ende VII[1]
D. J. JACKSON (1920)	England (Kent)	20–21 Tg.	45–48 „	16–19 Tg.	VII–VIII
	Schottland	20–21 „	42–48 „	16–19 „	VIII–IX
Report Riga (1924)	Lettland	–	55 Tg.	18–20 „	ab Ende VIII[1]
N. A. GROSSHEIM (1928)	Rußland (Kiew)	9–30 Tg.	26 „[2]	8–11 „	VI–VIII

Aus der Zusammenstellung ergibt sich, daß die Dauer der Larvenzeit unter natürlichen Bedingungen zwischen 26 und 55 Tagen schwankt.

2. Puppenzeit. Auch das Puppenstadium hängt von der Temperatur ab insofern, als die Körperumbildungsvorgänge durch höhere Temperaturen beschleunigt werden und dadurch die Puppenzeit abgekürzt wird. Daraus erklärt sich auch die verschiedene Länge der Puppenruhe in der obigen Zusammenstellung, die zwischen 8 und 20 Tagen angegeben wird.

3. Jahreszeitliche Verteilung. Wann die einzelnen Stadien in der Natur angetroffen werden, findet man in folgender Zusammenstellung.

		Eiablage	Larven	Puppen
A. D. BARANOV (1914)	Zentralrußland (Moskau)	Mitte V bis Mitte VII	VI u. VII	ab Mitte VII
A. DOBRODEEV (1915)	„ „	ab Mitte V	–	ab Mitte VII
N. A. KEMNER (1917)	Schweden	–	–	ab Mitte VII
D. J. JACKSON (1920)	England (Kent)	IV u. V, VI abnehmend	V–Anf. VII	VI u. VII
	Schottland (Ross-shire)	V, VI, VII abnehmend	Ende VI bis VIII, IX abnehmend	Ende VII bis Anfang IX.
Report Riga (1924)	Lettland	VI–VIII	–	ab Mitte VIII
N. A. GROSSHEIM (1928)	Rußland (Kiev)	ab Mitte IV (4 Monate im Insektorium)	–	VI u. VII.
K. ANDERSEN	Alpenvorland (Weihenstephan bei München)	V bis Anf. VIII, Hauptlegetätigkeit Ende V bis Anfang VII	VI–VIII	Ende VI bis VII

Sie zeigt als allgemeines Ergebnis, daß nicht nur die Zeit der Eiablage, sondern entsprechend auch die der Larven und Puppen in den einzelnen

[1] Nach den übrigen Daten von mir berechnet.

[2] Unter günstigen Zuchtbedingungen.

Ländern je nach den klimatischen Bedingungen verschieden ist. Je kontinentaler das Klima ist, je heißer also die Sommer sind, um so mehr drängt sich der ganze Entwicklungszyklus zusammen. Da sich die Eiablage über mehrere Monate hinzieht, so überschneidet sich das Vorkommen der einzelnen Stadien, so daß im Hochsommer vielfach alle drei Entwicklungsstufen zusammentreffen. Wenn die Altkäfer ihre lezten Eier ablegen, findet man an den Wurzeln Larven in allen Stadien und Puppen; ja unter Umständen kommen schon die ersten Jungkäfer zum Vorschein.

C. Generationenfrage.

Die Generationenfrage ist aus verschiedenen Gründen bis in die jüngste Zeit ungeklärt geblieben. Einmal findet man die ganze Vegetationsperiode hindurch Käfer, dann zieht sich die Eiablage und damit das Erscheinen der Jungkäfer über einen ziemlich langen Zeitraum hin und schließlich haben Artverwandte des *S. lineata* ganz ähnlich aussehende Eier und Larven, die im Herbst abgelegt werden bzw. ausschlüpfen und als Larven den Winter überdauern.

Es waren vor allem englische Autoren (s. ORMERODS Report 1878 bis 1892), die auf Grund der Larvenvorkommen im Frühjahr und im Herbst und Winter zuerst auf zwei Generationen im Jahre geschlossen haben. Als man dann entdeckte, daß aber die aus den Frühjahrseiern schlüpfenden Käfer erst im nächsten Jahr geschlechtsreif werden, hielt man die überwinternden Larven zu einer zweiten, neben der ersten laufenden Generationsfolge gehörig. Es ergab sich dann folgende Ansicht, wie sie noch in der neuen (4.) Auflage (1928) des Handbuchs der Pflanzenkrankheiten von REH (S. 237) aufgeführt ist. Die erste Generationsfolge überwintere als Käfer, lege ihre Eier im Frühjahr und Sommer und die Jungkäfer erscheinen im Herbst auf Klee und Luzerne. Dort sollen sie sich mit den geschlechtsreifen Käfern der zweiten Generationsfolge treffen. Diese legen ihre Eier im Herbst ab und die daraus schlüpfenden Larven überwintern an den Wurzeln des Klees und der Luzerne. Im April und Mai verpuppen sie sich und werden anfangs Juni zu den Imagines. Die Frage, ob und wie die beiden Generationsfolgen zusammenhängen, bleibt dabei offen.

Es ist bekanntlich leichter, eine irrtümliche Ansicht in die Literatur einzuführen, als eine solche wieder auszumerzen. Daher darf es uns nicht wundernehmen, daß trotz mehrfach geäußerter gegenteiliger Ansichten immer wieder die Behauptung von zwei Generationen für *S. lineata* zu lesen ist.

Für Deutschland schließen E. MOLZ und D. SCHRÖDER (1914) daraus, daß zwei *S. lineata*-Käfer schon am 26. Mai 1914 aus im April erhaltenen Larven schlüpften, daß auch hier jene von den englischen Entomologen beobachtete Generationsfolge herrsche, bei der die Larven anfangs Mai zur Verpuppung schreiten und Ende Mai die Imagines liefern. Ob die anfangs Mai und die im August beobachteten Käfer zwei verschiedenen Generationsfolgen angehören oder letztere als zweite Generation mit den ersteren genetisch verbunden sind, darüber enthalten sich beide Verfasser vorerst noch eines Urteils.

Rostrup (1915) glaubt, daß *S. lineata* zwei Generationen besitze, die eine überwintere als Käfer, die andere als Larve.

A. D. Baranov (1914) stellt dagegen fest, daß die Käfer sich nicht mehr im gleichen Jahr, in dem sie im Sommer schlüpften, paaren, und folgert daraus, daß es jährlich nur eine Generation gibt. Desgleichen scheint A. Dobrodeev (1915) nur eine Generation anzunehmen, ebenso wie Kemner (1917) es tut.

Die Widersprüche, die damit zwischen diesen neueren Beobachtern und den englischen Entomologen herrschten, wurden durch die eingehenden Untersuchungen D. J. Jacksons (1920) geklärt, indem sie einwandfrei feststellten, daß auch in England und Schottland *S. lineata* nur eine Generation besitzt, die als Käfer überwintert. Die überwinternden Eier und Larven gehören anderen Arten (*S. sulcifrons* Thm., *S. hispidula* F.?) an.

In dem Bericht der Lettländischen Pflanzenschutzstation vom Jahre 1924, in dem Beobachtungen über die Lebensgeschichte unseres Graurüßlers mitgeteilt werden, wird gleichfalls festgestellt, daß diese Art nur eine Generation jährlich habe. Ebenso berichtet A. Krasucki, daß in Polen keine Larve oder Puppe überwinternd angetroffen wurde.

Schließlich lassen auch unsere Beobachtungen nur den Schluß zu, daß es auch in Deutschland nur eine Generation und eine Generationsfolge gibt. Was in den vorhergehenden Kapiteln über die Entwicklung des linierten Graurüßlers und die Zeit des Auftretens des Käfers und seiner Jugendstufen berichtet worden ist, erlaubt keine andere Deutung. Molz und Schröder ließen sich bei ihrer Folgerung mehr von der damaligen Meinung der englischen Entomologen beeinflussen, als durch genügend gesicherte Beobachtungen. Wenn aus frühen Larven unter günstigen Zuchtbedingungen schon Ende Mai zwei Käfer erhalten werden, so darf man daraus allein noch nicht schließen, daß die im Herbst auftretenden Käfer eine zweite Generation oder eine andere Generationsfolge darstellen.

VIII. Feinde und Parasiten.

Über Feinde und Parasiten des linierten Graurüßlers berichten nur D. J. Jackson (1920, 1924 und 1928) und N. A. Grossheim (1928) ausführlicher.

A. Feinde.

Vögel. D. J. JACKSON (1920) teilt mit, daß besonders die Hühner die Käfer gerne fressen. Beim Einernten der Bohnen und Erbsen werden zahlreiche der mit auf den Scheunenhof eingeschleppten Rüßler von den Hühnern aufgepickt. Außerdem sollen sich nach ORMEROD auf vom Graurüßler befallenen Erbsenfeldern die Stare in Scharen einfinden. Für die Bekämpfung kommt das Geflügel aber auf keinen Fall in Frage. Auch die Stare werden die Zahl der Käfer nicht allzusehr einschränken.

Die Larven einer häufigen Blasenfußart, *Aeolothrips fasciatus* L., saugen nach GROSSHEIM (1928) die Eier der *Sitona*-Arten aus.

B. Parasiten.

1. Pflanzliche.

Übereinstimmenderweise berichten JACKSON (1920) und GROSSHEIM (1928), daß *S. lineata* am meisten durch einen Pilz heimgesucht wird. Es handelt sich um *Botrytis bassiana* (*Balsamo*) MONTAGNE[1], der Muscardine der Seidenraupe. Es dürfte wohl der gleiche sein, von dem GROSSHEIM berichtet, daß 50% aller Käfer durch ihn getötet werden. Er befällt nach ihm alle Altersstadien das ganze Jahr hindurch. JACKSON berichtet, daß der Pilz sich besonders unter gefangen gehaltenen Käfern stark ausbreite, daß sie ihn aber auch bei im Freien lebenden Tieren beobachtet habe. Die befallenen Käfer gehen durch ihn ein. Auch eine künstliche Ansteckung der Käfer gelang. Sie gingen nach 9—30 Tagen zugrunde. Ebenso konnten Puppen und Larven von *S. lineata*, die man für gewöhnlich nicht befallen findet, nach künstlicher Infektion durch den Pilz zum Absterben gebracht werden. Verfasserin will diese Infektionsversuche auf breiterer Grundlage fortsetzen. Daß unter natürlichen Verhältnissen die Jugendstadien des Käfers offenbar weniger befallen sind als die erwachsenen Käfer, dürfte meines Erachtens nicht durch eine geringere Anfälligkeit, als vielmehr durch den Umstand bedingt sein, daß die Larven und Puppen wenig oder gar nicht mit ihresgleichen und erwachsenen Käfern in Berührung kommen und daher der Pilz auf sie nicht übertragen werden kann. Wahrscheinlich handelt es sich um den gleichen Pilz, wenn GROSSHEIM (1928) berichtet, daß auch ein kleiner Prozentsatz der Larven und Puppen durch einen Pilz zerstört werde. In meinen Zuchten konnte ich den Pilz bisher nicht beobachten.

Wenn der Pilz auch die Käfer jeweils mehr oder minder stark vermindert, so dürfte er zum Zwecke biologischer Bekämpfungsmaßnahmen doch kaum in Frage kommen, da die Jugendstadien durch ihn weniger gefährdet sind. Außerdem würde die Auswirkung der Infektion in einem käferreichen Frühjahr viel zu lange auf sich warten lassen und erst ein-

[1] Nach A. D. COTTON u. R. BEER, Kew (siehe JACKSON 1920, S. 296).

treten, wenn der Hauptschaden durch den Käferfraß schon angerichtet worden ist. Es käme also höchstens eine Verminderung der nächsten Generation in Frage, indem die Zahl der eierlegenden Käfer durch das Getötetwerden durch den Pilz geringer wird. Daß dadurch die Käfer sich aber nicht ausrotten und die Kalamitäten verhindern lassen, beweist der Umstand, daß trotz des Vorkommens des Pilzes in einer Gegend die Rüßler auf die Dauer keine Abnahme erfahren. Es käme als praktische Maßnahme höchstens in Frage, den Pilz in jene Gegenden einzuführen, in denen er vielleicht noch fehlen sollte, um so einen weiteren Faktor zur Verhütung einer Übervermehrung zu schaffen.

2. Tierische.

Als Außenschmarotzer wurde durch D. J. JACKSON (1920) eine Milbe festgestellt, die zur Gattung *Trombidium* oder zu einer nahe verwandten Gattung gehört. Die Milben befanden sich unter den Flügeldecken und hatten sich mit den Mundteilen im Körper der Käfer zwischen der 4. und 5. Rückenschuppe verankert. Die Schmarotzer hatten eine glänzend rote Farbe mit hellroten Beinen und blassen Mundteilen. Es wurden zwei Milben gefunden, die eine war 0,93 mm lang und 0,49 mm breit, die andere 1,5 mm lang und 0,84 mm breit. Die beiden von den Milben behafteten Käfer waren alte Männchen. Keiner schien aber durch sie sonderlich belästigt zu sein.

Gefährlicher als die Außenschmarotzer sind für die Käfer und ihre Jugendstadien die Innenschmarotzer. Als solche kommen vor allem Schlupfwespenverwandte (Braconiden) in Betracht, deren Larven im Innern anderer Insekten leben. Aus *S. lineata* wurden bis jetzt folgende gezogen: In Südrußland (Kiev und Poltava) erhielt GROSSHEIM (1928) *Pygostolus falcatus* NEES, ferner *Perilitus labilis* RUTHE und *Leiophron lituratus* HAL. In England und Schottland fand JACKSON (1920, 1924 und 1928) als verbreitetsten Innenschmarotzer bei *S. lineata Dinocampus* (*Perilitus*) *rutilus* NEES, außerdem ebenfalls *Pygostolus falcatus* NEES und *Leiophron muricatus* HAL., var. *nigra*.

Pygostolus falcatus NEES erhielt GROSSHEIM außer aus Imagines von *S. lineata* auch aus *S. crinita* HBST., *S. humeralis* STEPH. und *S. inops* GYLL. Die Weibchen dieser Schlupfwespenverwandte legen ihre Eier in den Käfer. Die Larven ernähren sich vom Wirtskörper, verlassen ihn, wenn sie erwachsen sind und spinnen in der Nähe an Pflanzenstengeln oder auf dem Boden einen Kokon um sich zu verpuppen. Im Mai dauert das Puppenstadium 11—12 Tage; es sind zwei Generationen beobachtet worden.

Perilitus labilis RUTHE und *Leiophron lituralis* HAL. zeigen eine ähnliche Lebensweise wie der vorige Schmarotzer. Ihre Larven verpuppen sich ebenfalls in selbst gesponnenen Kokons auf dem Boden. Die Puppenruhe dauert ungefähr 13 Tage. In der Gefangenschaft im Zimmer befiel ein Weibchen von *P. labilis* in 6 Tagen 16 Rüsselkäfer. Als gewöhnlichsten und tätigsten Parasiten der Imagines bezeichnet GROSSHEIM *L. lituralis*.

Biologie des *Dinocampus rutilus* NEES. Am eingehendsten und genauesten ist *Dinocampus rutilus* NEES durch D. J. JACKSON (1924 und 1928) untersucht worden. Deswegen soll hier auch dieser Parasit und seine Lebensgeschichte nach der Untersuchung JACKSONs etwas ausführlicher behandelt werden. Außer aus *S. lineata* L. wurde der Parasit auch aus *S. hispidula* gezogen. Er ist überall auf den britischen Inseln ver-

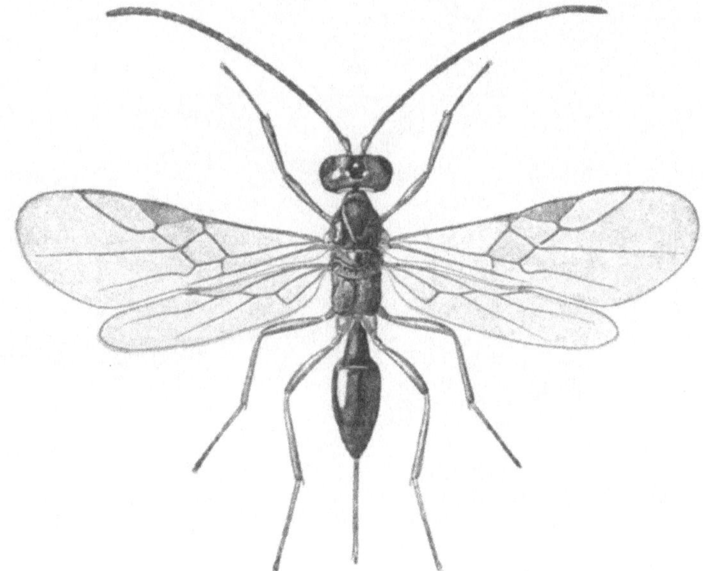

Abb. 35. *Dinocampus rutilus* NEES. (Aus D. J. JACKSON 1928.) 15 : 1.

breitet und kommt in ganz Europa vor. Das Aussehen und die Gestalt veranschaulicht Abb. 35. Beide Geschlechter sind gleich zahlreich. Es ist aber auch Parthenogenese möglich. Aus den unbefruchteten Eiern wurden nur Männchen erhalten. Die Lebensdauer der erwachsenen Schmarotzer beträgt in der Gefangenschaft gewöhnlich 14 Tage, einige lebten auch 3—4 Wochen. Die Größe (Spannweite der Vorderflügel) schwankt im männlichen Geschlecht von 3,99—5,93 mm und im weiblichen von 3,95—6,64 mm. Ebenso variiert die Färbung, die bei den Männchen im allgemeinen viel dunkler ist als bei den Weibchen. Die Tiere sind sehr lebhaft, fliegen und laufen rasch und ernähren sich von dem Nektar der Blütenköpfe der Umbelliferen (*Aegopodium*). Nach der Begattung, die JACKSON genauer schildert, beginnt das Weibchen mit der Eiablage. Es verfolgt einen Käfer emsig, bis es ihm gelingt, seinen Legebohrer in das Hinterleibsende des Wirtes, wahrscheinlich durch oder neben dem After, einzustechen und ein Ei abzulegen. Das frisch gelegte Ei ist sehr klein, 0,2—0,24 mm lang und 0,036—0,044 mm breit und daher schwer in der Höhlung des Hinterleibs sichtbar. Nach der Ablage schwillt aber das Chorion an und das Ei vergrößert sich außerordentlich stark und erreicht schließlich das Vielfache seiner ursprünglichen Größe. Während der Entwicklung des Embryo kann man unmittelbar unter dem Chorion eine Zellschicht beobachten, deren Zellen mit dem Wachstum

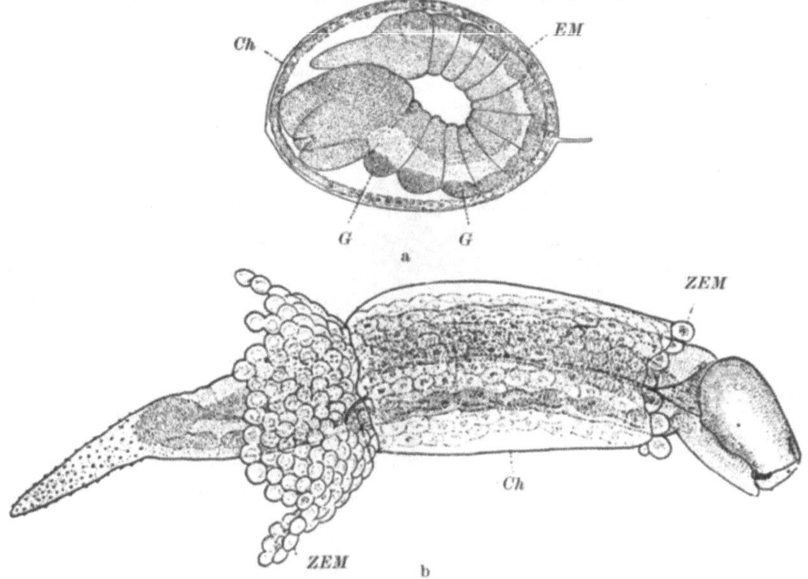

Abb. 36. Entwicklungsstufen von *Dinocampus rutilus* NEES. (Aus D. J. JACKSON 1928.) 60 : 1. a Keimling im Ei am 39. Tage nach der Eiablage. b Aus dem Chorion schlüpfende Larve. *Ch* Chorion, *EM* Embryonalmembran, *G* Ganglion des 1. und 3. Körperringes, *ZEM* Zellen der Embryonalmembran.

und der Entwicklung der Larve ebenfalls größer werden (s. Abb. 36a). Die fertige Larve zerreißt das Chorion (Abb. 36b) und liegt dann frei im Abdomen des Wirtes. Gleichzeitig beginnen die Zellen der erwähnten Embryonalschicht zu zerfallen (*ZEM* in Abb. 36b) und werden in der ganzen Leibeshöhle des Käfers zerstreut. Sie kugeln sich ab (Abb. 37a), lagern Fetttröpfchen, die sie aus der Körperflüssigkeit des Wirtes entnehmen, in ihrem Innern und werden dadurch weißlich opak (Abb. 37b). In dem Maße, als die Larven heranwachsen, vergrößern sich auch die Zellen (Abb. 37c) und ihre Kerne werden unregelmäßig gestaltet. Gleichzeitig nimmt die Fettspeicherung zu, so daß sie zum Schluß fast ganz aus Fett bestehen. Schließlich wird die Zellwand so stark gedehnt, daß sie zerreißt und der Fettgehalt in die Körperflüssigkeit des Käfers entleert wird (Abb. 37d). Diese Fettzellen bilden die Hauptnahrung der älteren Schmarotzerlarven. Reste davon kann man in großer Menge im Mitteldarm der erwachsenen Larven finden. Zur Zeit der Junglarven wurden 600—700 zerfallene Zellen der Embryonalschicht im Wirtskörper gezählt, die sich mit dem Wachstum der Larven ver-

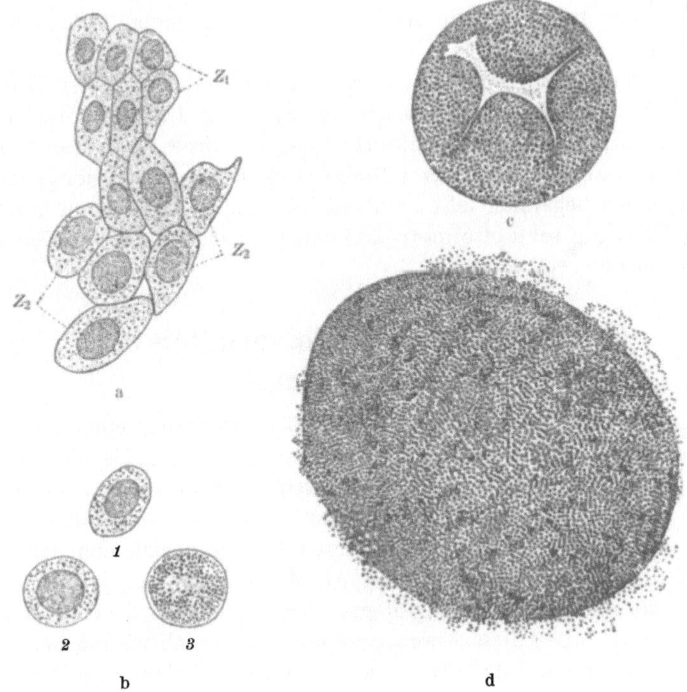

Abb. 37. Zellen der Embryonalmembran auf verschiedenen Entwicklungsstufen. (Aus JACKSON 1928.) 200 : 1. a Ein Stück der Embryonalmembran kurz nachdem die Larve aus dem Chorion schlüpfte. Die Zellen Z_1 sind noch im Verband, beginnen sich aber schon abzurunden; die Zellen Z_2 lösen sich bereits voneinander und werden kugelig. b Drei kugelige selbständig gewordene Zellen der ehemaligen Embryonalmembran verschiedenen Alters, *3* älteste mit beginnender Fetttröpfcheneinlagerung. c Schnitt durch eine Zelle der Embryonalmembran auf ihrer letzten Entwicklungsstufe. d An der Oberfläche einer verfetteten Riesenzelle der ehemaligen Embryonalmembran treten schließlich Fetttröpfchen aus.

mindern. Es kommt immer nur eine Larve in einem Käfer zur Entfaltung. Fünf Larvenstadien wurden beobachtet. Wenn die Larve erwachsen ist, verläßt sie den Wirt, indem sie die Haut um die Afteröffnung zerreißt. Sie bildet dann einen weißen, seidenartigen Kokon, den sie über und über mit Erdteilchen bedeckt. Bevor sie sich in die Puppe verwandelt, gibt sie den während des parasitischen Lebens angesammelten, unverdauten Nahrungsrest von sich. Die Exkremente sind in einem langen, häutigen Sack eingeschlossen, der zuerst den Mitteldarm auskleidete. Die Puppenruhe dauert je nach der Jahreszeit 3 Wochen bis über 1 Monat. *D. rutilus* hat 2—3 Generationen im Jahr. Die Entwicklung vom Ei bis zur Imago dauert im Sommer etwa 7 Monate, im Herbst und Winter bis zu 9 Monaten.

Abgesehen davon, daß die Käfer bald nach dem Schlüpfen der Larven zugrunde gehen, werden ihre Fortpflanzungsorgane besonders in Mitleidenschaft durch den Schmarotzerbefall gezogen. Die Eierstöcke büßen ihre Tätigkeit ganz ein, die Hoden können noch lebende Samenfäden enthalten.

GROSSHEIM (1928) gelang es ferner, eine Parasitierung der Eier der Graurüßler durch einen Angehörigen der Gattung *Anaphes* herbeizuführen. Eben aus den Eiern geschlüpfte Imagines dieses Parasiten wurden im Freien gesammelt und über 1 Monat lang im Arbeitszimmer gehalten. Die Weibchen begannen sehr bald die Eier der Graurüßler zu befallen. In 25—30 Tagen schlüpfte dann aus den parasitierten Eiern eine neue Generation des Schmarotzers.

IX. Welche Umstände verhüten eine Übervermehrung?

Es gibt zwei Möglichkeiten, die eine Übervermehrung einer Tier-, insbesondere Insektenart verhindern und zur Erhaltung des biologischen Gleichgewichts beitragen, die physikalischen Umweltbedingungen und die natürlichen Feinde. Während man seither besonders den letzten Faktor dafür verantwortlich machte, daß eine Tierart sich nicht steigernd vermehrte, ist man neuerdings zur Ansicht gekommen, daß es in der Hauptsache die Umweltbedingungen, also namentlich die Witterungseinflüsse sind, denen diese Aufgabe zufällt. Sicherlich wirken beide Ursachen zusammen, nur daß eben beide Faktoren in jedem einzelnen Falle nicht in gleichem Maße wirksam sind. Wir haben hier zu untersuchen, welche Umstände in erster Linie für gewöhnlich eine Übervermehrung des linierten Graurüßlers verhindern, oder anders ausgedrückt, lautet die hier zu beantwortende Frage: durch welche Umstände und auf welchem Entwicklungsabschnitt wird die große Zahl der von einem Weibchen gelegten Eier so stark vermindert, daß durchschnittlich die Zahl der Käfer ungefähr gleich bleibt, wenn man von den Schwankungen der Stärke des Auftretens in den einzelnen Jahren absieht?

Die natürlichen Feinde haben daran nur zum geringen Teil schuld, wie uns der vorhergehende Abschnitt zeigt. Einen Fingerzeig zur Klärung der Frage gibt uns die von allen Forschern, welche sich etwas eingehender mit der Biologie unseres Käfers befaßt haben, gemachte Beobachtung, daß selbst in Zuchten unter günstigsten Bedingungen von einem Pärchen immer nur einige wenige Imagines als Nachkommen zu erhalten waren. Das hat KEMNER zu der Annahme gebracht, daß ein Weibchen nur wenig Eier legen kann. Nun wissen wir aber, daß die von einem Käfer gelegten Eier mindestens einige Hundert, durchschnittlich sogar rund 1000 Stück betragen. Damit keine Übervermehrung eintritt, dürfen davon sich nur etwa zwei Eier bis zu geschlechtsreifen Tieren der nächsten Generation entwickeln. Die anderen 998 müssen bis dahin zugrunde gehen. Es sind dabei zwei Fragen zu beantworten: 1. Auf wel-

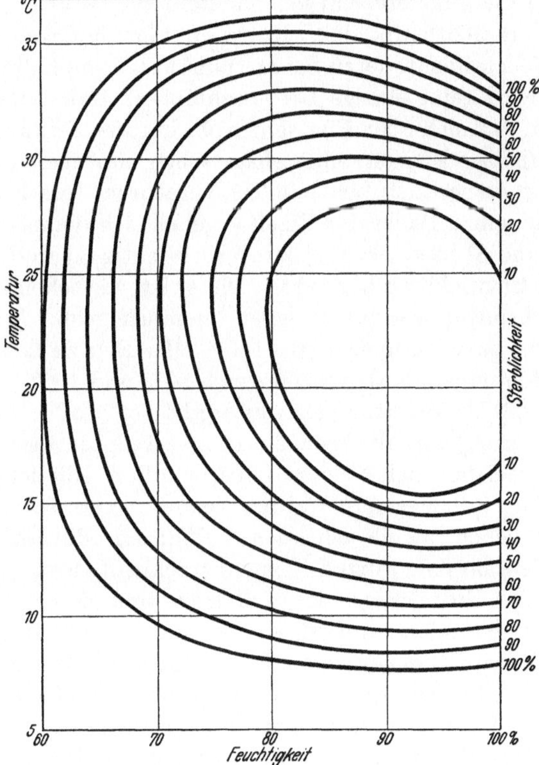

Abb. 38. Die Abhängigkeit der Sterblichkeitsziffer (Mortalität) von Temperatur und Feuchtigkeit.

cher Entwicklungsstufe gehen die meisten Individuen zugrunde? und 2. durch welche Ursache? Wer sich mit der Entwicklung des Käfers befaßte (JACKSON 1922, ANDERSEN 1930), machte die Beobachtung, daß fast alle Eier sich zu Larven entwickeln. Es gibt praktisch nur zwei Faktoren, welche die Entwicklungsmöglichkeit beeinflussen, Temperatur und Feuchtigkeit. Ich habe daher durch Versuche festgestellt, wie viele Eier sich bei bestimmten Temperaturen und Feuchtigkeitsgraden entwickeln. Das Ergebnis dieser Versuche wird durch das Kurvenbild in

Abb. 38 wiedergegeben. Nach Art einer Wetterkarte, wo die Orte gleichen Luftdruckes durch eine Linie verbunden werden, sind hier die Punkte gleicher prozentualer Sterblichkeit miteinander verbunden. Sie liegen auf Linien, die angenähert Ellipsenform haben, aber nicht geschlossen sind, weil das Feuchtigkeitsoptimum bei allen Temperaturen nahe bei 100% liegt. Die Kurven in ihrer Gesamtheit stellen ein Sterblichkeitsgefälle dar, so, daß die Mortalität immer um 10% zunimmt, wenn wir von einer Linie zur anderen von innen nach außen gehen. Wichtig ist namentlich die äußerste Kurve. Sie stellt die Grenze der Entwicklungsmöglichkeit überhaupt dar. Kommen Eier dauernd in eine Temperatur und Feuchtigkeit, deren Schnittpunkt außerhalb der Hunderterlinie liegt, so wird keine einzige Larve schlüpfen. Dabei darf nicht vergessen werden, daß sich aber Eier sehr wohl kürzere Zeit außerhalb dieser Grenze aufhalten können, ohne abzusterben, nur eben auf die Dauer nicht. Das gilt namentlich für tiefe Temperaturen. Als Entwicklungsgrenzen für die ganze Dauer der Eizeit ergeben sich demnach rund 60% Feuchtigkeit und 8° bzw. 36° Temperatur. Wichtig ist weiter die Größe des optimalen Entwicklungsbereiches. Dieser ist, wie schon die gelegentlichen Beobachtungen vermuten ließen, ziemlich groß. Innerhalb der innersten Kurve entwickeln sich 90—100% aller Eier zu Larven. Dieser Bereich läßt sich ungefähr abgrenzen durch 80% und 100% Feuchtigkeit und etwa 17—28° Temperatur. Daraus ergibt sich, daß selbst unter ungünstigen Witterungsverhältnissen ein großer Teil der Eier, wenn nicht überhaupt die meisten, sich bis zum Larvenstadium entwickeln. Nur an heißen, trockenen Sommertagen werden die meisten der frisch abgelegten Eier zugrunde gehen, da sie achtlos auf Pflanzen oder auf den Boden abgelegt werden und in kurzer Zeit vertrocknen. Erst später, wenn sie in Ritzen des Erdreiches eingespült sind, sind sie besser geschützt.

Die Larven schlüpfen im Boden. Sie sind weichhäutig und wahrscheinlich noch empfindlicher gegen Trockenheit als die Eier. Über ihre Abhängigkeit von Temperatur und Feuchtigkeit sind keine Untersuchungen vorhanden. Nach meinen Beobachtungen gehen sie bei etwa 60 bis 70% Luftfeuchtigkeit schon nach ganz kurzer Zeit ein. Die Gefahr des Austrocknens ist aber für sie trotzdem im allgemeinen nicht zu groß, da die Feuchtigkeit im Boden gerade während der Monate Mai bis Juli ziemlich beträchtlich ist. Es werden also verhältnismäßig wenig Larven durch Trockenheit zugrunde gehen. Jedenfalls ist ihr Prozentsatz nicht ausschlaggebend für die Vermeidung einer Übervermehrung. Dafür spricht schon der Umstand, daß nach trockenen Jahren die Zahl der Käfer auch nicht merklich abgenommen hat. Auch für die Puppen dürfte die Feuchtigkeit keine große Rolle als Vernichtsfaktor spielen, da sie im Boden in durchschnittlich 3—5 cm Tiefe in einer Erdzelle ruhen und weniger empfindlich gegen Trockenheit sind als die jungen Larven. Auch dauert das

Puppenstadium für gewöhnlich nur kürzere Zeit als das Larvenstadium. Noch weniger als die Feuchtigkeit kommt die Temperatur für die Verminderung der Tiere in Betracht. Den Kältetod erleidet wohl kaum eine Larve und noch weniger Puppe und sicherlich auch nicht viele den Wärmetod. Wenn ja der Boden in den ersten Nachmittagsstunden im Juni oder Juli einmal sich stärker erwärmt, so dauert die Einwirkung der hohen Temperatur doch immer nur kurze Zeit. Wir können also feststellen, daß die beiden physikalischen Faktoren Temperatur und Feuchtigkeit einen großen Teil der Eier, namentlich in den Sommermonaten und in Jahren mit warmem, trockenem Frühjahr und heißem Sommer, vernichten können, daß sie dagegen in geringerem Maße für das Zugrundegehen der Larven und Puppen in Frage kommen. Es müssen also noch andere Umstände dafür sorgen, daß auch in normalen Sommern die sehr beträchtliche Zahl der aus den Eiern sich entwickelnden Larven dezimiert wird. Und zwar muß das bei den Junglarven geschehen, denn die Altlarven werden bereits in ungefähr der Menge im Boden gefunden, als später Puppen und Jungkäfer da sind. Das sind aber auch meist nicht viel mehr als die Zahl der älteren im Frühjahr betrug. Von den Larven, die sich aus den vielen Eiern entwickeln, muß also der größte Teil in den ersten Lebenstagen zugrunde gehen. Die Temperatur und Feuchtigkeit spielt dabei nicht die ausschlaggebende Rolle, wie wir bereits festgestellt haben. Die meisten gehen vielmehr an Hunger ein. Selbst bei genügender Feuchtigkeit halten es die Junglarven nur 2—3 Tage ohne Nahrung aus. Als solche kommen für sie nur die Wurzelknöllchen in Betracht. Da es rein vom Zufall abhängen wird, ob eine Junglarve ein Knöllchen rechtzeitig findet, so werden die meisten eben auf der Suche nach ihrer Nahrungsquelle zugrunde gehen. Dafür sprechen die von anderen Beobachtern und uns gemachten Feststellungen, daß, je mehr Wurzelknöllchen vorhanden sind, um so mehr Larven sich bis zum Käfer entwickeln können. Es sind also nicht die Witterungsverhältnisse, die aus der großen Zahl Eier nur wenige Käfer sich entwickeln lassen, sondern wie bei Schmarotzern ein mehr ökologischer Faktor, daß nämlich nur wenige Tiere auf dem Jugendstadium ihre geeignete Nahrungsquelle finden. Das beweist auch die Tatsache, daß trotz Ausschaltung von Temperatur und Feuchtigkeit als Vernichtungsfaktoren aus vielen Eiern nur wenige Käfer sich entwickeln.

X. Schaden der Käfer und wovon seine Größe abhängt.

Die Käfer schaden durch Blattfraß. Am empfindlichsten haben die jungen, eben aufgelaufenen Sämlinge der als Lieblingsnahrung bezeichneten Hülsenfrüchter Erbsen, Pferdebohnen und Wicken zu leiden. Für die jungen Pflanzen ist jeder noch so geringe Verlust an Blattmasse eine große Schädigung. Dazu kommt noch, daß die wenigen den Käfern zur Verfügung stehenden Blättchen rasch abgeweidet sind, ehe die Pflanzen neue nachbilden können, so daß sie eingehen müssen. Dadurch kommt es vielfach zur Vernichtung der Saaten. Ist die Geschwindigkeit der Blattbildung größer als die des Blattfraßes, so macht sich die Beschädigung in einer Verlangsamung der Entwicklung der Pflanzen bemerkbar. Sie bleiben zurück. Sicherlich kommt es in diesen Fällen zu einer Verminderung des Ernteertrages. Nach dem Gesagten besteht eine ernstliche Bedrohung der Pflanzen nur während kurzer Zeit im Frühjahr (s. Abb. 25, S. 40). D. J. JACKSON (1922) gibt sie von 3—6 Zoll (8—15 cm) Höhe der Pflanzen an, H. CREBERT (1928) schätzt sie vom Auflaufen bis zur Ausbildung der ersten 4—6 Blätter. Nach ihm sind besonders dünn gesäte Felder, wie in Gemüse- und Zuchtgärten, stark gefährdet. In Gemengsaaten mit Getreide sollen die Hülsenfrüchter weniger stark beschädigt werden als in Reinsaaten. Sicherlich kommt es aber auf die örtlichen Verhältnisse an, vor allem, ob in einer Gegend größere Flächen mit Hülsenfrüchtern angebaut werden oder nicht.

Von oft ausschlaggebender Bedeutung für die Stärke des Schadens ist die Wüchsigkeit der einzelnen Pflanzenart, worauf ebenfalls CREBERT aufmerksam macht. Am meisten leiden deswegen die Erbsenpflanzen, da diese von den oben genannten drei Arten am langsamsten wachsen bzw. am wenigsten Laub entwickeln. Bei der Saatwicke werden zwar die schmalen Jugendblätter rasch abgeweidet, doch erholen sich die Wicken schnell infolge ihres guten Nachschaffungsvermögens. Am wenigsten haben unter sonst gleichen Verhältnissen die Pferdebohnen infolge ihrer Schnellwüchsigkeit und von Anfang an großen Blattmasse zu leiden. Großer Schaden wird nur dann an ihnen angerichtet, wenn die Käfer die Knospenanlage an der Spitze der Hauptachse abfressen, was dadurch leicht zustandekommt, daß die Käfer besonders gern die jungen, noch zusammengefalteten Blätter befressen. Nach CREBERT müssen solche Pflanzen durch verstärktes Wachstum der Seitensprosse vom Stengelgrund aus für den Hauptsproß Ersatz schaffen, wodurch die Pflanzen im Gesamtwachstum zurückbleiben.

Außer von der Eigenart der Pflanzen hängt die Größe des Schadens von zwei Umständen ab, erstens von der Menge der vorhandenen Käfer, und zweitens vom Entwicklungszustand der Pflanzen zur Zeit des Befalls. Beides ist aber in erster Linie von der Witterung abhängig.

Von ausschlaggebender Bedeutung ist meistens die Witterung während der kritischen Zeit nach dem Auflaufen. Herrscht warmes und gleichzeitig genügend feuchtes Wetter, so daß die Pflanzen schnell wachsen, so bringt selbst ein stärkeres Auftreten des Käfers keine ernstlichere Gefahr. Andererseits steigert sie sich bei warmem und trockenem Wetter, weil, wie CREBERT meint, die Käfer ungestört fressen können und weil der starke Blattverlust bzw. dessen Wiederersatz den Wasserverbrauch stark vermehrt, so daß der Wasserbedarf schließlich nicht mehr gedeckt werden kann und die Pflanzen eingehen. Andererseits wird das Wachstum der Sämlinge aber auch durch Kälte und naßkalte Witterung gehemmt, wodurch wiederum starke Schädigungen durch das Insekt herbeigeführt werden können. Auch trockenes, kaltes Wetter hemmt den Wuchs, so daß wir besonders aus Jahren, in denen die Frühjahrswitterung lange Zeit kalt und rauh bleibt und kein Regen fällt, Angaben über starke Schäden durch den Käfer finden. Kaltes, aber gleichzeitig nasses Wetter ist zwar für das Wachstum der Pflanzen auch nicht förderlich, aber immer noch besser als kaltes und trockenes. Da außerdem die Käfer die Nässe nicht lieben und dadurch im Fraße gestört werden, so sind die Schädigungen in naßkalten Jahren im allgemeinen nicht so groß als wie in trockenen. Ungenügende Feuchtigkeit im Frühjahr nach dem Auflaufen der Sämlinge führt also vor allem zu schweren Schädigungen der Hülsenfrüchter durch *S. lineata.*

H. CREBERT macht noch darauf aufmerksam, daß die Wachstumsenergie der Pflanzen auch noch durch innere Umstände (erbliche Anlagen des Saatgutes) beeinflußt wird. Er machte immer die Beobachtung, daß die Wachstumskraft der betreffenden Rasse oder Art für die Überwindung des Schadens den Ausschlag gab. Dieser Punkt ist als Vorbeugungsmaßnahme bei der Bekämpfung wichtig.

Dem zweiten ausschlaggebenden Faktor für die Größe des Schadens, nämlich der Zahl der vorhandenen Käfer, wurde bisher wenig Beachtung geschenkt. Nur H. CREBERT macht in seiner mehrfach angezogenen Arbeit darauf aufmerksam. Er erwähnt, daß das Auftreten des Käfers in den einzelnen Jahren stark schwanke und vermutet, daß dies weitgehend durch die Witterung der vorhergehenden Zeit, wie auch durch die Zahl der überwinterten Käfer bedingt sei. ,,Unter hiesigen Verhältnissen (Alpenvorland) ist dann mit starkem Befall zu rechnen, wenn im März und April warmes, trockenes Wetter vorherrscht.“ Nach meinen Beobachtungen hängt die Zahl der im Frühjahr eines Jahres auftretenden Käfer in erster Linie von der im Vorjahr zur Entwicklung gekommenen Anzahl Graurüßler ab. Während des Winters gehen nämlich nur sehr wenig Käfer zugrunde. Sie können wie viele Insekten unbeschadet ziemlich starke Kälte auch längere Zeit hindurch vertragen und außerdem dürfte gerade nach strengen Wintern, wenn diese die Käfer stark vermindern würden, kein größerer Befall sich zeigen. Auffallenderweise ist aber nach den strengen Wintern 1921/22 und 1923/24 in hiesiger

Gegend *S. lineata* sehr stark aufgetreten, wie die Darstellung[1] in Abb. 39 zeigt. Eher dürfen wir annehmen, daß verhältnismäßig warme, aber nasse Winter eine gewisse Verminderung der Käfer herbeiführen. Entscheidend für ihre Zahl im Frühjahr ist aber in erster Linie wieviel sich im Vorjahr entwickeln können. Das hängt von der Witterung ab während der Zeit der Haupteiablage. Dafür spricht zunächst folgende Überlegung. Wir sahen, daß um so mehr Eier abgelegt werden, je höher die Durchschnittstemperatur in den Sommermonaten Juni bis August ist. Damit aber viele dieser Eier sich bis zu Larven entwickeln können, darf andererseits die Feuchtigkeit nicht längere Zeit unter 60% fallen. Wir werden also dann viele Jungkäfer im Herbste erwarten dürfen und damit auch im nächsten Frühjahr, wenn für hiesige Gegend die Monate Juni bis August warm und dabei doch genügend feucht sind.

Überblick über das Auftreten des Blattrandkäfers auf dem Versuchsfelde der Bayer. Landessaatzuchtanstalt, Weihenstephan.

1920: kein Schaden.

1921: wenig Schaden.

1922: 18. V. bei Bohnen starker Befall; wird ab 24. V. durch flotte Entwicklung überwunden. 17. VI. bei Speiseerbsen und 15. VI. bei Felderbsen sehr starkes Auftreten, Wicken am 11. VI. sehr stark beschädigt, zum Teil eingegangen.

1923: Wicken und Felderbsen am 7. V. noch schwach, am 28. V. stärker geschädigt zum Teil am 25. IV. erstmaliges Auftreten.

1924: Sehr starker Befall ab 28. IV. bei Felderbsen, Speiseerbsen und Wicken, welcher am 23. V. als verheerend bezeichnet wird. Bis 13. VI. sind die Zuchtsaaten teilweise völlig, teils bis $^9/_{10}$ vernichtet. Erst Mitte VI. ist bei den übriggebliebenen Pflanzen der Schaden überwunden.

1925: Kein großer Schaden.

1926: Anfang April stärkerer Befall; geht Mitte des Monats jedoch stark zurück. Pflanzen Ende Mai gut erholt.

1927: 1. V. bei Speiseerbsen stärkerer Befall; geht aber bald wieder zurück.

1928: 25. IV. nur geringer Befall bei Erbsen; nimmt vom 4.—13. V. stärker zu, doch kommt es zu keiner größeren Schädigung, weil die Pflanzen schon zu alt sind.

1929: Ab 5. V. mittelstarkes Auftreten; dauert in der Folgezeit fort, doch ist der Schaden am 25. V. überwunden.

1930: Bis 26. IV. wenig Befall, stärker ab 30. IV. Infolge schnellen Wachstums ist jedoch am 3. V. die kritische Zeit überwunden und es kommt nur zu geringem Schaden.

Eine Bestätigung dafür gibt uns der Überblick über das Auftreten des linierten Graurüßlers in Weihenstephan und die darnach gezeichnete graphische Darstellung des Befalls und der Stärke des Auftretens und der Witterungsverhältnisse in Abb. 39. Den zwei stärksten Befallsjahren 1922 und 1924 gehen jeweils Sommer voraus, die warm waren (Julitemperatur 20° bzw. 19°, August 19° bzw. 18°) und

[1] Die Unterlagen zum Kurvenbild der Abb. 39 verdanke ich Herrn Reg.-Rat Crebert, wofür ihm auch hier Dank gesagt sei.

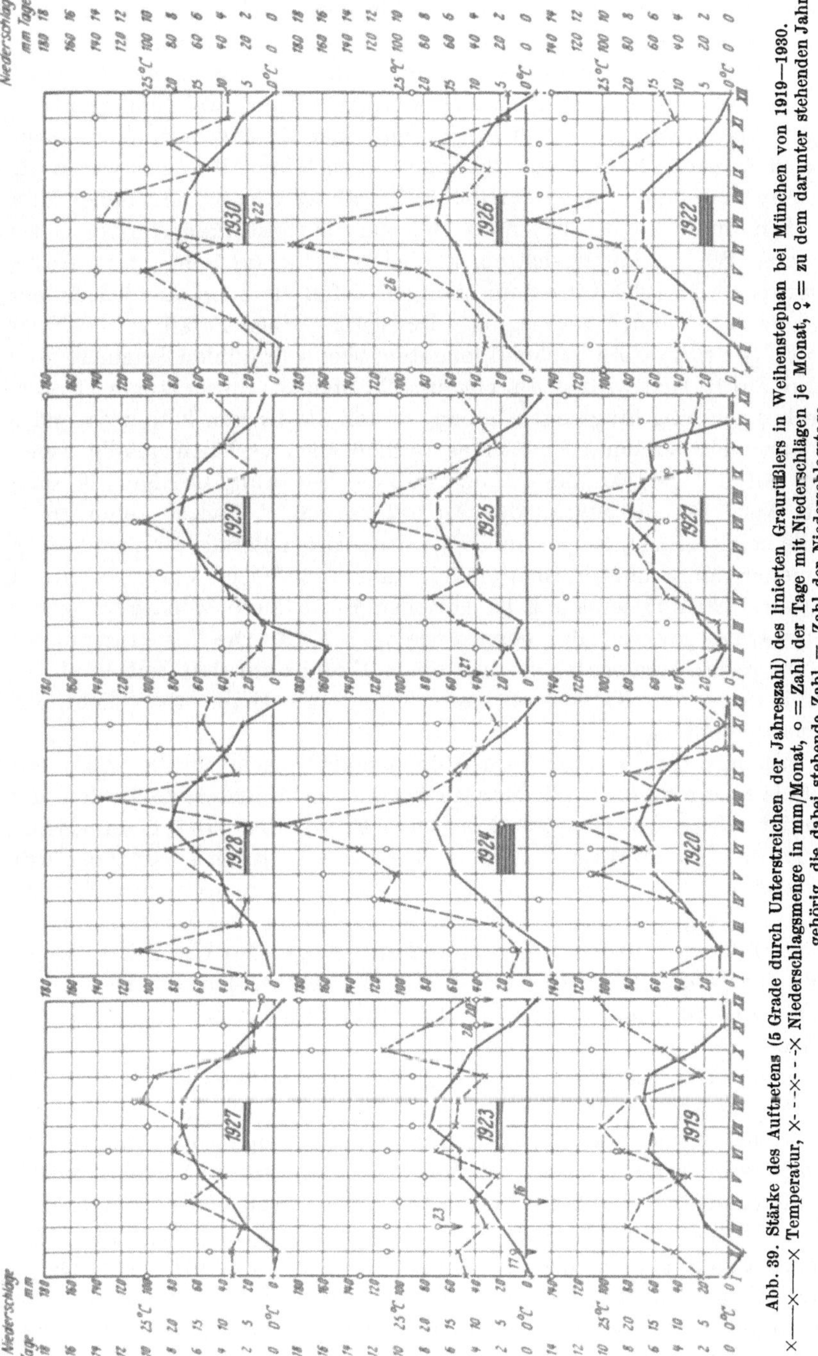

Abb. 39. Stärke des Auftretens (5 Grade durch Unterstreichen der Jahreszahl) des linierten Graurüßlers in Weihenstephan bei München von 1919—1930. ×——× Temperatur, ×- -×- -× Niederschlagsmenge in mm/Monat, ○ = Zahl der Tage mit Niederschlägen je Monat, ⍿ = zu dem darunter stehenden Jahr gehörig, die dabei stehende Zahl = Zahl der Niederschlagstage.

doch genügend feucht. Im Jahre 1929 hätten wir statt eines mittelstarken Befalls höchstwahrscheinlich einen sehr starken beobachten können, wenn im Jahre 1928 nicht der Juli sehr heiß und trocken gewesen wäre. Die in diesem Monat gelegten Eier werden bei nur zwei Niederschlagstagen von im ganzen 10 mm Regen und einer Durchschnittstemperatur von 20,5° zum allergrößten Teil abgestorben sein. Allerdings waren die Monate Juni und August für die Entwicklung günstig und daher kam es eben im Frühjahr 1929 noch zu einem mittelstarken Auftreten des Käfers. Wie ungünstig sich ein kühler und feuchter Sommer auswirkt, zeigt das Jahr 1923 mit einem mäßigen Befall, dem ein ziemlich kühler und nasser Sommer vorausging. Der ganz geringe Befall von 1920 ist die Folge des zwar hinreichend feuchten, aber sehr kühlen Sommers vom Jahre 1919. Hier wird sich nicht nur die Eiablage durch längere Unterbrechungen lang hingezogen haben, so daß die Larven kein zusagendes Futter mehr fanden, sondern es werden auch verhältnismäßig wenig Eier zur Ablage gekommen sein. Daß die Witterung der Monate März und April für die Stärke des Auftretens von *S. lineata* keine große Rolle spielen kann, zeigen die Jahre des starken Befalls 1922 und 1924, in denen März und April ziemlich kühl und feucht waren, während gerade 1920 mit seinem ganz geringen Befall diese Monate trockener und wärmer gewesen sind, ebenso wie auch 1923. Die Witterung dieser ersten Frühjahrsmonate hat nur einen Einfluß auf den Zeitpunkt des Erscheinens der Käfer aus ihrem Winteraufenthalt, aber nicht auf ihre zahlenmäßige Stärke.

Was hier für die Gegend um München als Ursache für die Stärke des Befalls erkannt wurde, gilt entsprechend auch für andere Gegenden und Länder. Für die Stärke des Auftretens des linierten Graurüßlers ist die Witterung maßgebend während der Zeit der Haupteiablage. Je wärmer sie ist bei ausreichender Feuchtigkeit, um so mehr Eier werden abgelegt und um so mehr Larven entwickeln sich aus ihnen. Je größer die Zahl dieser ist, desto mehr haben Aussicht, Wurzelknöllchen zu finden und um so mehr entwickeln sich dann bis zum fertigen Käfer.

Sehr schön bestätigt wurde unsere Meinung über die Ursachen der Stärke des Auftretens der Käfer durch die Beobachtungen im heurigen Frühjahr. Nach dem Witterungsverlauf der Sommermonate im vorigen Jahr, besonders des Juni, war für 1931 höchstens mit einem mittelstarken Auftreten der Käfer zu rechnen. Im heißen und sehr trockenen Juni 1930 haben die Weibchen bereits die meisten Eier abgelegt. Diese konnten sich aber infolge der Trockenheit größtenteils nicht bis zu Larven entwickeln. Andererseits waren Juli und August dann sehr feucht, so daß die wenigen noch zur Ablage gekommenen Eier sich entwickeln konnten. Tatsächlich traten die Käfer in Weihenstephan heuer nur in geringer bis mittlerer Stärke auf,

Außer an Pisumarten, Pferdebohnen und Wicken werden in Dänemark, England, Holland, Norddeutschland und Rußland öfter auch von größeren Schädigungen an Klee und Luzerne berichtet. Es sind das jene Länder und Landstriche, die verhältnismäßig viel die erstgenannten Hülsenfrüchter feldmäßig bauen. Dagegen hört man fast nie oder höchst selten von einem ernsteren Schaden an Klee oder Luzerne in Gegenden, die die erstgenannten Hülsenfrüchter nur wenig in größeren Flächen anbauen.

Meldungen über Schäden an Klee liegen vor aus: Deutschland: Regierungsbezirk Kassel 1912, 1928/1929, Oldenburg 1896—1899, Ostpreußen starker Befall 1920, Mecklenburg-Schwerin stärkerer Befall 1921/1922, 1924/1925. Britische Inseln: Curtis (1860), Kent 1921 stark, Wales 1926. Norwegen: Hamar 1902, 1913, 1914. Dänemark: 1905, 1909, 1913, 1918, 1919, 1923, 1924. Holland: 1894, 1918 in einem Distrikt ernstlicher Schaden, „was ungewöhnlich ist" (Ritzema Bos 1918). Finnland: 1897 stark. Polen: 1923. Rußland: Moskau 1913, Tula 1910—1914, Orel 1913 und 1914.

Meldungen über Schäden an Luzerne. Deutschland: 1891, Mecklenburg-Schwerin 1921/1922, 1924/1925. Dänemark: 1905, 1909, 1918, 1919. Holland: 1894. Rußland: Kiew 1913, 1914. Tschechoslowakei: 1920. Ungarn: 1884, 1886.

Das sind zugleich die Gebiete, die die Hauptschäden an Erbsen, Bohnen und Wicken melden. Halten wir dem die Beobachtung entgegen, daß sich die Käfer auf Kleefeldern weniger stark entwickeln, so ergibt sich der Schluß, daß für die Verbreitung bzw. das zahlreichere Vorkommen von *S. lineata* in einer Gegend neben den klimatischen Faktoren in erster Linie die Größe des Anbaus der Erbsen, Pferdebohnen oder Wicken maßgebend ist. Klee und Luzerne werden nur dort stärker befallen, wo gleichzeitig größere Felder mit den genannten Hülsenfrüchten bestellt werden und dadurch den Käfern die Möglichkeit größerer Entwicklung gegeben ist. Die Größe des Schadens an Klee und Luzerne hängt außer von dem Vorhandensein von größeren feldmäßigen Beständen der genannten Hülsenfrüchter vor allem von deren Entfernung ab. Der Schaden ist an Klee und Luzerne am größten, wenn Erbsen- und Bohnenfelder unmittelbar angrenzen. Am meisten hat der 2. und 3. Schnitt zu leiden, da jetzt die Käfer nach dem Abernten der Hülsenfrüchter auf Klee und Luzerne überwandern. Gefährlich ist längere Trockenheit, durch die die Pflanzen im Wachstum gehemmt sind. Außerdem kommt wieder die Menge der Käfer in Betracht. Im Sommer und später treffen die alten und die eben entwickelten Jungkäfer zusammen. Ausschlaggebend für die Gesamtzahl ist die Anzahl Jungkäfer, weil von den alten immer mehr im Laufe des Sommers absterben. Die Zahl jener hängt aber, wie wir gesehen haben, von der Witterung des diesjährigen Sommers ab. Warme, nicht zu trockene Sommer lassen viele Jungkäfer auf den Klee- und Luzernefeldern erscheinen.

XI. Schaden der Larven.

Die Larven schaden hauptsächlich durch Fraß an den Wurzelknöllchen. Es ist klar, daß diese Schädigung, weil sie sich im Verborgenen abspielt, lange Zeit unbekannt war, bzw. unterschätzt wurde. Deshalb findet man meistens heute noch, wenn vom Schaden des Blattrandkäfers die Rede ist, nur die Käfer als Schädlinge erwähnt, nicht aber ihre Larven. Nach meiner Ansicht ist es aber sogar fraglich, ob der Schaden, den die Imagines durch Blattfraß anrichten, größer ist als der der Larven durch Verzehren der Bakterienknöllchen. Während man jenen leicht abschätzen kann und seine Folgen unmittelbar vor sich sieht, macht sich dieser zunächst überhaupt nicht bemerkbar und ebenso ist seine Auswirkung nicht unmittelbar zu erkennen. Wir dürfen uns aber nur vor Augen halten, welchen großen Wert die Hülsenfrüchte durch ihre Wurzelknöllchen als Stickstoffsammler haben und daß sie oft nur zu diesem Zweck (Gründüngung) angebaut werden, um einzusehen, daß der Schaden der Larven nicht unbedeutend sein kann. GROSSHEIM (1928) betont daher mit Recht, daß durch den Fraß der Larven die Pflanzen ihren Wert als Stickstoffsammler verlieren und aufhören, die Fruchtbarkeit des Bodens zu heben. Aber auch für das Leben der einzelnen Pflanze selbst bedeutet die Minderung oder der Verlust ihrer Wurzelknöllchen und damit ihres Stickstoffvorrats eine schwere Einbuße, zumal die Zerstörung der Knöllchen, wie JACKSON (1920) bemerkt, ihren Höhepunkt zur Zeit der Blüte erreicht. Es sind dann die Knöllchen in allen Größen durch die Larven ausgehöhlt und angefressen und auch die zum Ersatz gebildeten neuen Knöllchen fallen den Larven zum Opfer. Der Stickstoffmangel wird sich also gerade zur Zeit der Frucht- und Samenbildung geltend machen, wodurch der Ernteertrag geschmälert werden wird.

Die Größe des Schadens hängt wieder von der Menge der sich entwickelnden Larven ab und damit von der Temperatur und Feuchtigkeit während des Frühjahrs und der Sommermonate. Am geringsten wird der Larvenschaden bei trockener Witterung sein, weil dann am wenigsten Larven aus den Eiern kriechen und insbesondere die geschlüpften bald vertrocknen.

XII. Bekämpfung und Abwehr.

Es gibt drei Wege zur Bekämpfung eines Feldfrüchteschädlings: Technische Maßnahmen, biologische Bekämpfung und Kulturmaßnahmen. Welcher oder welche dieser drei Wege beschritten werden sollen, ist für jeden Schädling verschieden und kann sogar für ein und denselben örtlich verschieden sein. In vielen Fällen wird es sich nicht um eine unmittelbare Vernichtung des Schädlings handeln, sondern nur um eine rechtzeitige Abwehr oder Unschädlichmachung seiner Angriffe. Diesem Zwecke dienen meistens die Kulturmaßnahmen. Die biologische Bekämpfung, also durch planmäßige Züchtung natürlicher Feinde, kommt in unserem Falle, vorerst wenigstens, nicht in Frage. Es bleiben also nur der erste und dritte Weg. Wichtig ist ferner, welches Entwicklungsstadium am leichtesten bekämpft werden kann. Bei *S. lineata* kann nur der Käfer selbst bekämpft werden. Den Eiern und Larven ist im Boden nicht beizukommen. Die Puppen können höchstens, wie BARANOV (1914) und GROSSHEIM (1928) vorgeschlagen haben, durch Unterpflügen der Stoppeln nach dem Abernten der einjährigen Leguminosen zum Absterben gebracht werden. Die Puppen kommen durch das Umpflügen an die Oberfläche und vertrocknen an der Luft. Im allgemeinen wird es aber nicht viel helfen, da zur Zeit der Ernte die meisten Käfer schon geschlüpft sind. Immerhin dürfte sich diese Maßnahme namentlich in solchen Jahren empfehlen, wo ein stärkerer Frühjahrsbefall beobachtet wurde und die Witterung der Sommermonate für die Entwicklung der Larven günstig gewesen ist.

A. Technische Bekämpfungsmaßnahmen.

1. Mechanische Methoden.

Als solche wurden vorgeschlagen: 1. Absammeln mit Streifsäcken (G. KÜNSTLER 1871). Abschöpfen mit dem Hamen ließe sich aber nur an älteren Pflanzen durchführen (E. TASCHENBERG 1879). Abfangen mit dem gewöhnlichen Schmetterlingsnetz schlägt G. RÖRIG (1915) vor. Einsammeln mit Netzen raten auch R. SCHANDER und F. KRAUSE (1918).

2. Fangen durch geteerte oder geleimte Fangstreifen, die frühmorgens rechts und links jeder Erbsenpflanzenreihe (in Gärten) ausgelegt werden und auf die die Käfer nach 2—3 Stunden abgeschüttelt werden sollen (CURTIS 1860).

3. Fangen mit einer Reihe Erbsen als Fangpflanzen, die man unbestäubt läßt (s. S. 79), und die Käfer hier mit heißem Wasser töten oder nach Art 2 abfangen (CURTIS 1860).

Das Fangen der Käfer mit Netzen u. dgl. dürfte so gut wie zwecklos sein, da die Tiere sich bereits durch die Erschütterung des Bodens bei Annäherung zu Boden fallen lassen. Außerdem ist dieses Verfahren für den Feldbau auch zu umständlich. Für den Gartenbau käme am ersten noch das Verfahren 1. 3 in Frage.

2. Chemische Mittel.

Zur Vernichtung des Käfers mit chemischen Mitteln kommen nur Darmgifte in Betracht, da Berührungs- und Atmungsgifte sich als vollkommen wirkungslos selbst unter den günstigen Bedingungen des Arbeitszimmerversuchs erwiesen haben. Als Fraßgifte kommen vor allem

Salze der Arsensäure und Bleiverbindungen in Frage. Sie werden als Spritz- und Stäubemittel verwendet.

a) Spritzmittel. Die Spritzmittel sind sogenannte Brühen, d. h. möglichst feinteilige Aufschwemmungen der Giftstoffe in Wasser, keine Lösungen, da diese die Pflanzen schädigen (verbrennen) würden. Von den Spritzmitteln muß vor allem verlangt werden, daß sie möglichst geringe Mengen des wirksamen Stoffes aus dem eben angeführten Grund gelöst enthalten, die Pflanzenteile gut benetzen, möglichst feine Aufschwemmungen ergeben und keine fraßabschreckende Wirkung zeigen.

Das älteste, noch heute vielfach angewendete Spritzmittel ist das in Deutschland als Schweinfurtergrün, in Frankreich und England als Parisergrün und in den nordischen Ländern auch als Kaisergrün bezeichnete Kupferacetatarsenit. Die Schweinfurtergrün-Präparate kommen mit verschiedenen Namen in den Handel (z. B. Uraniagrün, Silesiagrün usw.) und müssen bei Verwendung mit gebranntem oder gelöschtem Kalk oder mit Kupferkalkbrühe versetzt werden. Kupferacetatarsenit gilt wegen seines hohen Arsengehaltes als giftigstes und daher wirksamstes Arsensalz. Nachteile sind seine, namentlich in Verbindung mit Kupferkalkbrühe, häufig beobachtete fraßabschreckende Wirkung, und daß es bei zarteren Pflanzen gerne Verbrennung verursacht. Über Versuche mit Schweinfurtergrün als Bekämpfungsmittel des Blattrandkäfers fand ich folgende Berichte: S. LAMPA (1900) gute Erfolge; SCHOYEN (1914) ohne Schaden für den Klee verwendbar; A. D. BARANOV (1914) verwendet 1 oz Parisergrün + 3 oz frisch gelöschten Kalk auf 9 Gall. Wasser (50% Mortalität, aber Verbrennung an den Blättern). V. G. AVARIN, V. P. GALKOV und E. E. MALIK (1915) verwenden 3 lb Parisergrün + 6 lb Kalk auf 100 Gall. Wasser. Spritzen mit Uraniagrün schlagen vor G. RÖHRIG (1915) und R. SCHANDER und F. KRAUSE (1918). N. A. GROSSHEIM (1928) findet Spritzen mit Parisergrün 1 lb auf 120 Gall. Wasser sehr wirksam.

An Stelle von Kupferacetatarsenit ist heute vielfach Bleiarseniat getreten, weil es weniger leicht Verbrennungen an den Pflanzen verursacht. Seine insektentötende Wirkung ist allerdings 3—6mal schwächer als die des erstgenannten Mittels. Wegen seines Bleigehaltes ist es für den Menschen noch gefährlicher als die Schweinfurtergrün-Präparate. Bleiarseniatmittel kommen als Paste oder Pulver in den Handel. Nur einmal wird in der Literatur (Report, London 1917) über Anwendung dieses Spritzmittels zur Bekämpfung der Graurüßler berichtet. Über meine Versuche s. weiter unten.

Kalziumarseniat — über Versuche damit soll auch weiter unten berichtet werden — ist das jüngste, billigste und in der Giftwirkung an das Schweinfurtergrün heranreichende As-Mittel. Leider führt es leicht Blattbeschädigungen herbei.

Bariumchloridlösungen werden nach W. TRAPPMANN (1927) in 3—5proz. Lösung gegen Käfer angewandt. Seine Wirkung ist aber bedeutend geringer als die der Arsenmittel, außerdem ist die Wirkungsdauer wegen seiner durch die Wasserlöslichkeit bedingten Wetterunbeständigkeit gering und zudem können schon 2proz. Lösungen die Pflanzen schädigen. Andererseits vermag es vielfach wegen seiner geringen fraßabschreckenden Wirkung den stark fraßabschreckenden As-Mitteln gegenüber wirksamer zu sein. Nach N. A. GROSSHEIM (1928) verminderte eine 4proz. Bariumchloridlösung die Käfer beträchtlich (aber Verbrennungen!), dagegen scheint eine $1^1/_2$proz. Lösung, die V. G. AVARIN, V. P. GALKOV u. E. E. MALIK (1915) anwandten, wenig Erfolg gehabt zu haben.

Wirkungslos ist auch, nach S. ROSTRUP (1915), 1proz. Nikotinlösung.

Ob die von G. RÖRIG (1915) vorgeschlagene Nießwurzseifenbrühe und Tabak-Nießwurzseifenbrühe und die durch P. NOEL (1892) empfohlene Mischung von Tabakwasser ($^1/_2{}^0$ BAUMÉ) + 1% Schmierseife bessere Erfolge zeitigen würden, muß nach allen Erfahrungen dahingestellt bleiben.

Als Gießmittel soll sich nach einem Bericht in Report (London) von 1918 eine Lösung aus 2 oz Waschsoda + 1 oz Karbolsäure-Schmierseife auf 1 Gall. Wasser bewährt haben. Damit soll der Boden um die Pflanzen gegossen werden.

b) Stäubemittel. Stäubemittel wurden bisher wenig gegen den Käfer angewandt. Meistens handelte es sich um Mittel, die die Blätter unschmackhaft machen sollen. Ich fand darüber folgende Angaben:

TASCHENBERG (1879) schlägt Bestreuen oder Begießen mit denjenigen Mitteln vor, welche die Erdflöhe von den Kruziferen abhalten. Bestäuben der Erbsenpflanzen (solange sie noch vom Tau feucht sind) mit Ruß, Holzasche oder Kalk oder mit allen zugleich, meint CURTIS (1860), vertreibe die Käfer. Das gleiche empfiehlt M. A. FOWLER (1891) als allgemein wirksames und leicht anzuwendendes Abwehrmittel. Ein anderer englischer Vorschlag (Report, London 1917) rät ebenfalls Ruß oder feinen Straßenstaub zum Bestäuben der Pflanzen an. REH (1913) berichtet über erfolgreiche Anwendung von reinem Insektenpulver oder in Mischung mit 1 Teil Schwefel auf 2 Teile Insektenpulver. H. MÜLLER-THURGAU, A. OSTERWALDER u. G. JEGEN (1922) haben Tabakstaub mit Erfolg verwendet. G. H. COPLEY (1926) empfiehlt das Bestäuben der noch nassen Pflanzen mit Kalkstaub. Erfolgreich soll auch das Streuen von Kainit (Jahrb. Landw. Versuchsanst. Harleshausen 1913) sein.

Alle diese Mittel können bestenfalls die Käfer von den Blättern abhalten. Eine Bekämpfung im Sinne einer Vernichtung der Käfer ist mit ihnen nicht möglich, mit Ausnahme vielleicht des von REH vorgeschlagenen Verfahrens, das aber wegen seiner Kosten namentlich für den Großbetrieb für die meisten mittel- und nordeuropäischen Länder nicht in Frage kommt.

c) Eigene Versuche. Im Sommer 1930 führte ich Versuche in meinem Arbeitszimmer mit Spritz- und Stäubemitteln verschiedener deutscher Firmen durch. Eine bestimmte Anzahl Käfer wurde in Glasschalen, wie sie zu den sonstigen Zuchtversuchen auch verwendet wurden, eingezwingert und mit frischen Blättern der Ackerbohne und Erbse gefüttert. Mit jedem Mittel wurden immer zwei Versuche angestellt. Im ersten wurden alle als Nahrung gereichten Blätter bespritzt oder bestäubt. Im zweiten sind neben solchen auch unbehandelte Blätter gereicht worden, um festzustellen, ob das Mittel eine fraßabschreckende Wirkung hat oder nicht. Es sind folgende Mittel verwendet worden:

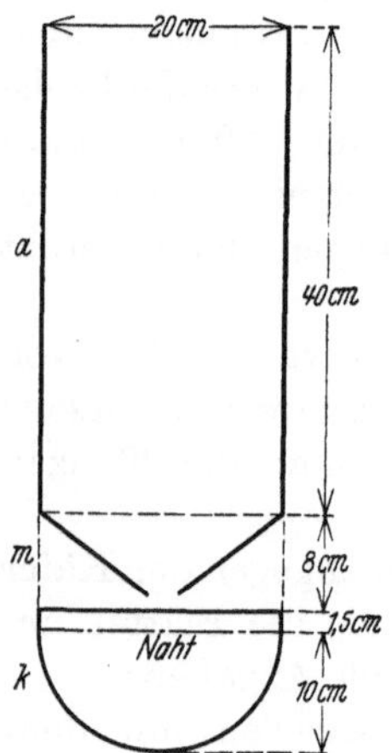

Abb. 40. Schleppbeutel nach BLUNCK, K. GÖRNITZ und R. JANISCH. *a* Stäubemittelbehälter, *m* staubdurchlässiges Mittelstück, *k* Abschlußkappe.

1. Spritzmittel: Aresin (Kalkarseniat der I. G. Farbenindustrie A.G., Höchst a. M.).

Zabulon (arsensaures Blei) von O. Hinsberg, Nackenheim a. Rh.

Kalkarseniat Maag.

Bleiarseniat Maag.

2. Stäubemittel: Gralit (Arsenzubereitung) der I. G. Farbenindustrie.

Silesia Güttler, Güttler & Co., Hamburg 1.

Esturmit, E. Merck, Darmstadt.

Die Versuche zeigten zunächst das übereinstimmende Ergebnis, daß alle Spritzmittel stark fraßabschreckend wirkten. Die bespritzten Blätter erwiesen sich so gut wie gar nicht befressen, während die Kontrollen in den zweiten Versuchen durchweg gut angenommen wurden. Die Sterblichkeit betrug zwischen 0 und 30% (30% nur 1mal). Ein günstigeres Ergebnis wurde mit den Stäubemitteln erzielt. Sie zeigten zwar alle noch eine kleine fraßabschreckende Wirkung insofern, als in den zweiten Versuchen die Kontrollen stärker befressen waren als die bestäubten Blätter und außerdem die Sterblichkeitsziffer bei ihnen überall etwas geringer ausfiel als in den ersten Versuchen mit nur bestäubten Blättern. Hier betrug sie zwischen 40 und 100%, bei jenen dagegen nur 10—80%. Am wirkungsvollsten zeigte sich Gralit mit 100 bzw. 80% Mortalität.

Worauf die geringere Wirkung der Spritzmittel zurückzuführen ist, ist noch ungeklärt.

Für die praktische Bekämpfung dürfte sich also das Bestäuben der jungen Pflanzen, sobald sich Käferfraß zu zeigen beginnt, empfehlen.

Das Stäuben geschieht am besten bei trockenem Wetter, weil dann das Stäubemittel die Blätter gleichmäßig dünn überpudert und sich nicht verklumpt. Man arbeitet entweder mit Staubbeuteln in kleineren Betrieben oder für die Arbeit auf Feldern mit Schleppbeuteln, wie sie H. BLUNCK, K. GÖRNITZ und R. JANISCH[1] zur Bekämpfung des Rübenaaskäfers vorgeschlagen haben und die zu mehreren nebeneinander an einer 4 m langen Stange im Abstand der Drillreihen hängen, die von zwei Mann getragen oder an einer Hackmaschine befestigt wird. Die Staubbeutel bestehen einfach aus staubdurchlässigen Tüchern, in die das Stäubemittel eingebunden wird. Diesen einfachen Beutel befestigt man an einem Stock und bestäubt beim Abschreiten der Pflanzenreihe die Pflanzen dadurch, daß man den Beutel etwas staucht. Die Schleppbeutel (Abb. 40) bestehen aus einem staubdichten Oberteil aus Drell- oder Segeltuch als Behälter für das Pulver (*a*), einem staubdurchlässigen Mittelstück (*m*) und als Abschlußkappe wieder aus Segeltuch oder Drell (*k*) als Beutel, die beim Tragen leicht an die Pflanzen streift. Die Arbeitsleistung beträgt bei Rübenbestäubung nach BLUNCK und JANISCH 2—4 Morgen in der Stunde und der Verbrauch an Stäubemitteln 2—3 kg auf 1 Morgen.

B. Kulturmaßnahmen.

Die Kulturmaßnahmen sollen entweder 1. die Käfer nach Möglichkeit von den Pflanzen abhalten oder 2. die Schädlinge durch Verschlechtern ihrer Lebensbedingungen einschränken oder 3. die Schädlichkeit des Blattfraßes in seiner Wirkung auf das Pflanzenleben abschwächen oder gar beseitigen.

1. Um die Käfer von den Pflanzen abzuhalten, werden außer den unter A 2 aufgezählten chemischen Mitteln noch folgende Kulturmaßnahmen vorgeschlagen. CURTIS (1860) empfiehlt nach BAKER, die Felder zu eggen oder zu hacken, solange die Pflanzen noch vom Tau feucht sind, damit die Blätter durch Erde verschmutzt und so für die Käfer unschmackhaft werden. G. H. COPLEY (1926) will die Käfer dadurch im Boden zurückhalten und töten, daß er das Erdreich auf jeder Seite der Drillreihen fest tritt. Sind diese Mittel schon wenig erfolgversprechend, so dürfte das durch BIELSKY (1915) für nützlich gehaltene Grabenziehen um die Erbsenfelder sicherlich gar keinen Zweck haben.

2. Um die Käfer durch Kulturmaßnahmen einzuschränken, sind folgende Wege möglich. N. H. GROSSHEIM (1928) empfiehlt einjährige und ausdauernde Leguminosen nicht unmittelbar nebeneinander anzubauen. Den Käfern wird dadurch der Übergang von den einen auf die anderen erschwert. Ich bezweifle aber, ob damit ein durchschlagender Erfolg zu erzielen ist. Bisher fehlt es noch an genauen Beobachtungen darüber, wie weit die Entfernung ist, welche die Käfer beim Wandern von einem

[1] BLUNCK, H. u. K. GÖRNITZ: Arb. Biol. Reichsanst. Land- u. Forstw. **12**, 31 (1923) und BLUNCK, H. u. R. JANISCH: Ebenda **13**, 433 (1925).

Feld auf ein anderes überbrücken könne. Das äußerste wäre, nur einjährige oder nur ausdauernde Hülsenfrüchte in einer Gegend zu bauen. Wir sahen ja, daß dort, wo größere Anpflanzungen von Erbsen oder Pferdebohnen fehlen, Klee und Luzerne so gut wie unberührt bleiben. Der Vorschlag N. A. KEMNERS (1918), die Käfer durch Fruchtwechsel zu bekämpfen, hat nur dann Aussicht auf Erfolg, wenn in einer Gegend abwechselnd in einem Jahr überhaupt mit dem Leguminosenbau ausgesetzt wird. Ein Wechsel von einem Feld auf ein benachbartes hat gar keinen Erfolg, wie Beobachtungen zeigten. Den Käfern das Leben ungemütlich zu machen durch Entfernen abgestorbener Pflanzenteile usw., wie es KRASUCKI (1926) vorschlägt, dürfte auch so gut wie zwecklos sein.

3. Um die schädigende Wirkung des Blattfraßes aufzuheben oder wenigstens zu mildern, wird von verschiedenen Seiten empfohlen, das Wachstum der Pflanzen nach Möglichkeit zu beschleunigen. M. A. FOWLER (1891) schlägt dazu folgendes vor: Das Saatbeet mit zerbröckeliger, genügend feuchter Erde, die reich an verwertbarer Nahrung für die Pflanzen ist, herzurichten. Bis zu einem gewissen Grade werde letzteres durch Fruchtwechsel mit Kohl- oder Rübenpflanzen erreicht. Für Gartenkulturen empfiehlt er, neben ausreichenden Düngergaben die Erbsen in Streifen von zerkleinertem Torf und Holzasche zu säen. Auf lehmigem Boden soll sich das ziemlich tiefe Streuen von Holzasche zu beiden Seiten der Drillreihen als vorteilhaft erwiesen haben. Ein Begießen der Pflanzen fördert bei Trockenheit gleichfalls das Wachstum. KRASUCKI (1926) fördert das Wachstum durch Jäten des Unkrautes. G. H. COPLEY (1926) empfiehlt, zur Anregung des Wachstums der geschädigten Pflanzen sie mit Natriumnitrat zu begießen, und zwar 1 oz auf 1 yard längs den Drillreihen. Außerdem soll der Boden so bald als möglich eine Kalkgabe (1 crat auf 100 sq. yards) erhalten. H. CREBERT (1928) hält eine Kräftigung der Pflanzen durch rechtzeitige Maßnahmen für am vorteilhaftesten bei Käferbefall. Mit gutem Erfolg hat er das Hacken der befallenen Bestände, das möglichst oft wiederholt werden sollte, besonders bei warmem und trockenem Wetter durchgeführt. Sehr empfehlenswert seien kleine Gaben schnell wirkenden Stickstoffdüngers.

Noch besser ist es, meint H. CREBERT (1928), und damit hat er sicherlich recht, nur rasch wüchsige Sorten anzubauen, da diese den Fraßschaden besser als langsam wüchsige überwinden. „Durch Auslese der widerstandsfähigen Linien oder besser gesagt von Rassen mit großer Reorganisationsfähigkeit gelingt es, den Schaden, selbst in starken Käferjahren, bis zu einer vorübergehenden Entwicklungsstörung herabzumindern.“ Wenn das letztere für Gegenden mit durchweg stärkerem Befall als in der Nähe Münchens auch nicht ganz zutreffen dürfte, so gibt uns die Pflanzenzüchtung hier doch ein wertvolles und erfolgreiches Hilfsmittel an die Hand, um den Schaden der Käfer von vornherein mehr oder weniger stark zu vermindern.

Schriftenverzeichnis[1].

Andersen, K. Th.: 1. Der Einfluß der Temperatur und Luftfeuchtigkeit auf die Dauer der Eizeit. I. Beitrag zu einer exakten Biologie des linierten Graurüßlers (*Sitona lineata* L.). Z. Morph. u. Ökol. Tiere **17**, 649—676 (1930 a). — 2. Experimentelle Untersuchungen über die Luftfeuchtigkeit als Faktor der Embryonalentwicklung der Insekten. Verh. XI. Internat. Zool. Kongr. Padua (1930 b). — **Avarin, V.:** Kurze Übersicht der im Jahre 1914 beobachteten Schädlinge und die Möglichkeit ihres Erscheinens im Jahre 1915 (russ.). R. a. E. **3**, 443 (1915). — **Avarin, V. G., Galkov, V. P. a. Malik, E. E.:** Information an the Appearance and Activity of Insectpests during April and May. R. a. E. **3**, 106 (1915).

Baranov, A. D.: Material zum Studium der Schadinsekten des Verwaltungsbezirks Moskau. Moskau **5**, 112—130 (1914) (russ.). R. a. E. **2**, 370 (1914). — **Baudys, E.:** 1. Pflanzenkrankheiten und Schädlinge, die in Böhmen im Jahre 1913 beobachtet worden sind. Z. Pflanzenkrkh. **24**, 340 (1914). — 2. Zpráva o Vyskytnuti se Škůdců r. 1920 (Schädlinge im Jahre 1920). Časopis Českoslov. společn. ent. **8**, 55—58. Prag 1921. R. a. E. **10**, 486 (1912). — **Bericht** der Landwirtschaftskammer für Mecklenburg-Schwerin (1920/21, 21/22, 22/23, 24/25, 25/26, 26/27, 27/28, 28/29). — **14. Bericht** der Bayer. Landessaatzuchtanstalt 1922—1926, Sonderdr. aus dem Landwirtsch. Jahrb. f. Bayern 1927. — **Bielsky, B. J.:** Spring remedies for the Control of Pests of Fieldcrops. (Husbandry) (russ.), Nr 12, 323—325. Kiew 1915. R. a. E. **3**, 485 (1915). — **Bitzky, J. G.:** Bericht über die Tätigkeit der Baltischen Station zur Bekämpfung der Schädlinge der Nutzpflanzen des Zentrallandwirtschaftlichen Vereins in Riga für das Jahr 1913. Wenden 1913. — **Boas, F. u. Merkenschlager, F.:** Die Lupine als Objekt der Pflanzenschutzforschung. Berlin 1923. — **Bogdanova-Katkova, L. J.:** Brief preliminary Report of the Work of the Entomological Department in 1916. Bull. Entomol. Dept. Nikolaevsk Exper. Stat. Petersburg **1918**, pt. 1, 43—61 (russ.). R. a. E. **9**, 347 (1921). — **Bogdanov-Katkov, N. N.:** Petrograd Kitchen Gardening and Pests. Nr 1, 47—78. Petersburg 1921 (russ.). R. a. E. **9**, 329 (1921). — **Borodin, D. N.:** The first Report on the Work of the Entomological Bureau and a Review of the Pests of the Govt. of Poltava in 1914. Poltava 1915 (russ.). R. a. E. **4**, 329 (1916).

Carpenter: Rep. **149** (1901). — **Crebert, H.:** Der Blattrandkäfer (*Sitona lineata*) als Hülsenfruchtschädling. Z. Pflanzenkrkh. **38**, 322—326 (1928). — **Copley, G. H.:** The Pea Weevil. Gard. Chron. **79**, Nr 2046, 198 (1926). R. a. E. **14**, 222 (1926). — **Curtis, J.:** Farm Insects. London 1860.

Dobrovliansky, V. V.: Bericht der Entomologischen Abteilung. Bericht über die Tätigkeit der Station Kiew zur Beobachtung der Schädlinge und Pflanzen-

[1] In dem Schriftenverzeichnis sind nur Veröffentlichungen aufgeführt, die etwas über *Sitona lineata* L. enthalten. Alle anderen angezogenen Schriften sind in der Arbeit selbst an Ort und Stelle als Fußnote gebracht worden. Ich bemühte mich das Schriftenverzeichnis so vollständig als möglich zu gestalten. Wenn ich fremdländische Literatur nur im Referat einsah, so ist das durch Anfügen des Referatenorgans, z. B. R. a. E. = Review of applied Entomology, Serie A, gekennzeichnet.

krankheiten des südrussischen Landwirtschaftssyndikats für 1914. Kiew 1915 (russ.). R. a. E. **3**, 641 (1915). — **Dobrodeev, A.:** Pea's weevils: *Sitones crinitus* Ol. and *Sitones lineatus* L. and recommendations for Control (russ.). Trudy Bjuro po entomoligié St. Petersburg **9**, Nr 8 (1915). — **Döbner, E. Ph.:** Handbuch der Zoologie, Teil II. Aschaffenburg 1862.

Ferdinandsen, C. u. S. Rostrup: 1. Oversigt over Sygdomme hos Landbrugets og Havebrugets Kulturplanter i 1918. Tidskr. Planteavl. **26**, 683—733 (1919). R. a. E. **9**, 193 (1921). — 2. Dasselbe vom Jahre 1919. Ebenda **27**, 399—450 (1920). R. a. E. **9**, 362 (1921). — 3. Dasselbe vom Jahre 1920. Ebenda **27**, 697 bis 759 (1921). R. a. E. **10**, 60 (1922). — **Ferdinandsen, C., Rostrup, S. u. F. Kolpin Ravn:** Oversigt over Landbrugslanternes Sygdomme i 1917. 129 Beretning fra Statens Forsogsvirksomhed i Plantekultur, S. 313—340. Kopenhagen 1918. R. a. E. **7**, 447 (1919). — **Fowler, M. A.:** The Coleoptera of the British Islands. V., S. 216—226. London 1891. — **Fryer, J. C. F.** and others: Report on the Occurence of Insect and Fungus Pests on Plants in England and Wales for the Year 1919. Minist. Agricult. a. Fisheries, Misc. Publ. Nr 33, 6—25. London 1921. R. a. E. **10**, 10 (1922).

Germar, E. F.: Insectorum Species novae aut minus cognitae. I. Halae 1824. — **Goriainov, A. A.:** Die landwirtschaftlichen Schädlinge des Bezirks von Riazau (russ.) 1914. R. a. E. **3**, 205 (1915). — **Goriatchkovsky, Vl.:** Pests of cultivated Plants in 1914. Warsaw 1915 (russ.). R. a. E. **3**, 610 (1915). — **Gram, E.** og **S. Rostrup:** 1. Oversigt over Sygdomme hos Landbrugets og Havebrugets Kulturplanter i 1923. Tidsskr. Planteavl **30**, 361—414 (1924). R. a. E. **12**, 508 (1924). 2. Dasselbe für 1924. Ebenda **31**, 353—417 (1925). R. a. E. **13**, 536 (1925).

Hart, Th. H.: A few Notes on the Larval State of the Pea-Weevil *Sitones lineatus*, Linn. The Entomologist **15**, 193—196 (1882). — **Hodson, W. E. H.** a. **Beaumont, A.:** Third Annual Report of the Department of Plant Pathology for the year ending Sept. 30th 1926. Seale-Hayne Agricult. Coll., Pamph. Nr 21 (1927). R. a. E. **15**, 365 (1927). — **Hollrung** in: Einige bemerkenswerte, im Jahre 1891 bekannt gewordene Krankheitsfälle. Z. Pflanzenkrkh. **2**, 283 (1892). — **Hubentahl, W.** und andere: Kleine coleoptereologische Mitteilungen. Entomol. Bl. **15**, 243—254 (1919).

Jackson, D. J.: 1. Bionomics of Weevils of the Genus *Sitones* injurious to Leguminous Crops in Britain. Ann. appl. Biol. **7**, 269—298 (1920). — 2. Notes on the Distribution of Weevils of the Genus *Sitona* in the North of Scotland. Scottish Naturalist **1921**, Nr 119/120, S. 178. R. a. E. **10**, 177 (1922). — 3. Further Observations on *Sitones lineatus* L. Ann. appl. Biol. **9**, 69—71 (1922). — 4. Insect Parasite of the Pea-weevil. Nature (Lond.) **113**, 353—354 (1924). — 5. The Biology of *Dinocampus* (*Perilitus*) *rutilus* Nees, a Braconid Parasite of *Sitona lineata* L. Part I. Proc. Zool. Soc. Lond. 1928; pt. II, 597—630 (1928). — Jahrbuch der Landwirtschaftskammer für die Provinz Schlesien **1907**. — Jahresbericht der Landwirtschaftskammer für die Provinz Brandenburg (1907, 1910, 1911). — Jahresbericht der Landwirtschaftlichen Versuchsstation der Landwirtschaftskammer für den Regierungsbezirk Kassel zu Harleshausen (1912, 13, 21, 23, 24, 25, 26, 27, 28/29, 29). — **Jenkins, J. R. W.:** Notes on the Insect Pests of Red Clover in Mid and West Wales. Welsh J. Agricult. **2**, 221—228 (1926). R. a. E. **14**, 401 (1926).

Kadocsa, Gy.: Die wichtigeren tierischen Feinde unserer landwirtschaftlichen Kulturgewächse. Budapest 1923 (ung.). R. a. E. **11**, 241 (1923/24). — **Kazanski, A. N.:** Kurzer Bericht über die Tätigkeit der Ivanov-Voznesenski Pflanzenschutzstation während des Sommers 1924 (russ.) **1**, 78—82 (1924). R. a. E. **13**, 141 (1925). — **Kemner, N. A.:** Ärtviveln (*Sitona lineatus* L.). Centralanstalten för Jordbruksförsök, Flygblad Nr 63 (1917). — **Kleine, R.:** *Ceuthorrhynchus sulci-*

collis, Paykull, *Galerucella tenella* L.; *Sitones lineatus* L. Entomol. Bl. **15**, 250 bis 251 (1920). — **Krasucki, A.:** Weevils (Sitonini) in S. E. Poland (poln.). Choroby i Szkodniki Roslin **1**, 11—18 (1925). R. a. E. **14**, 316 (1926). — **Kolossov, J. M.:** Review of the Pests of Field Crops and Forests of the Ural (russ.). Bull. Soc. Ouralienne d'Amis Sci. natur. **34**, 133—164 (1915). R. a. E. **3**, 398 (1915). — **Krainsky, S.:** Pests of Horticulture and methods of controlling them in the Govt. of Kiew. Horticulture and the Market-Gardener 1914 (russ.). R. a. E. **3**, 392 (1915). — **Ksenjopolsky, A. V.:** Die Schadinsekten Wolhyniens seit Bestehen der späteren Maintenance Commission (1880—1897), (russ.). Jitomir 1914. R. a. E. **3**, 51 (1915). — **Künstler, G.:** Die unseren Kulturpflanzen schädlichen Insekten (1871). — **Kŭlagin, N. M.:** Insects injurious to cultivated Field Plants in European-Russia in 1914. Bull. Moscow Entomol. Soc. **1**, 136—161 (1915) (russ.). R. a. E. **4**, 103 (1916). — **Kurdiumsv, N. V.:** *Aphthona euphorbiae* Schrank. Proc. Poltava Agricult. Exper. Stat. Nr 30. Poltava 1917. R. a. E. **11**, 155 (1923/24).

Lampa, S.: Berättelse till Kongl. Landbruksstyrelsen angående verksamheten vid statens entomologiska anstalt, dess tjänstemäns resor m. m. under år 1899. Upps. prakt. Entomologie **10**. Stockholm 1900. Z. Pflanzenkrkh. **12**, 291 (1902). — **Lind, J., Rostrup, S.** og **F. Kolpin-Ravn:** 1. Oversogt over Landbrugsplanternes sygdomme i 1913. 79 Beretning fra Statens Forsögsvirksomhed i Plantekultur, Nr 30. Copenhagen 1914. R. a. E. **3**, 245 (1915). — 2. Oversikt over Landbrugsplanternes sygdomme i 1914. 94 Beretning fra statens Forsögsvirksomhed i Plantekultur, Nr 31. Copenhagen 1915. R. a. E. **3**, 697 (1915). — 3. Dasselbe 1915. Ebenda **105** (1916). R. a. E. **7**, 445 (1919). — **Linnaeus, C.:** Fauna Suecica. Stockholm 1761.

Macdougall, R. S.: Insect and Arachnid Pests of 1920. Sonderdruck aus Trans. Highland a. Agricult. Soc. Scotland **1921**. R. a. E. **10**, 383 (1922). — **Makoff, K.:** 1. Kurze Mitteilung über Pflanzenkrankheiten und Beschädigungen in den Jahren 1896—1901. Z. Pflanzenkrkh. **12**, 350 (1902). — 2. Die schädlichsten Insekten und Pflanzenkrankheiten, welche an den Kulturpflanzen in Bulgarien während des Jahres 1903 geschädigt haben. Z. Pflanzenkrkh. **15**, 50 (1905). — **Marchal, P.** et **E. Foex:** Rapport Phytopathologique pour l'Année 1918. Ann. Service Epiphyties **6**, 5—33 (1918). R. a. E. **9**, 22 (1921). — **Mége, M.:** Ennemis et maladies de la betterave observés au Maroc. Rev. Path. vég. et Entomol. agric. **10**, pt. 4, 339—341 (1923). R. a. E. **12**, 232 (1924). — **Miles, H. W.:** Observations on the Incects of Grasses and their Relation to Cultivated Crops. Ann. Appl. Biol. **8**, 170—181 (1921). R. a. E. **10**, 76 (1922). — **Mizerova, F.:** 1. Report on the Work of the Orel Entomological Bureau and a Review of the Pests observed in the Govt. of Orel in 1913. Bull. Moscow Entomol. Soc. **1914** (russ.). R. a. E. **4**, 162 (1916). — 2. Pests of Clover in the Govt. of Orel according to Observations in 1913/14. Procedings of the Conference on Pests of Clover in Central Russia, S. 151—153. Tula 1916 (russ.). R. a. E. **4**, 294 (1916). — **Molz** u. **Schröder:** Z. Insektenbiol. **10**, 273—275 (1914). — **Mortensen, M. L.** u. **S. Rostrup:** Maanedlige Oversigter over Sygdomme hos Landbrugets Kulturplanter. April—August 1909. Lyngby 1909. Auszug in Reuter, E.: Phytopathologische Vorkommnisse in Dänemark. Z. Pflanzenkrkh. **21**, 39—40 (1911). — **Müller-Thurgau, H., Osterwalder, A.** u. **G. Jegen:** Bericht der pflanzenphysiologischen und pflanzenpathologischen Abteilung der Schweizerischen Versuchsanstalt für Obst-, Wein- und Gartenbau in Wädenswil für die Jahre 1917—1920. Landw. Jb. Schweiz **36**, 774—784. Bern 1922. R. a. E. **11**, 99 (1923/24).

Noël, P.: Bulletins du Laboratoire régional d'entomologie agricole. Rouen. S. J. Agricult. Paris 1892. Z. Pflanzenkrkh. **3**, 148 (1893).

Oberstein, O.: Bericht über die Tätigkeit der Agrikultur-botanischen Versuchs- und Samenkontrollstation der Landwirtschaftskammer für die Provinz Schlesien zu Breslau vom 1. April 1914 bis 31. März 1915. Z. Pflanzenkrkh. **25**, 400 (1915). — **Oetken, Fr.:** Rechenschaftsbericht über die Tätigkeit der Oldenburgischen Landwirtschaftsgesellschaft von 1896—1899. — **Olivier, A. G.:** Entomologie, ou Histoire des Insectes. Coléoptères **5**. Paris 1807. — **Ormerod, E. A.:** Manual of Injurious Insects.

Papachrysostomon, C.: Entomological Notes. Cyprus Agricult. J. **21**, pt. 3, 69—70. Nicosia 1926. R. a. E. **14**, 519 (1926). — **Pape, H. u. H. Sachtleben:** Krankheiten und Beschädigungen der Kulturpflanzen im Jahre 1920. Mitt. biol. Reichsanst. Land- u. Forstw., Nr 23, 26—101. Berlin 1922. — **Portchinsky, J. A.:** A Review of the Spread in Russia of the Chief injurious Animals in 1913. Reprint from yearbook of the Department of Agriculture for 1913. Petrograd 1914 (russ.). R. a. E. **3**, 111 (1915).

Ravn, Kölpin, F.: Oversigt over Landbrugsplanternes Sygdomme i 1906. Sonderdruck aus Landbrugets Planteavl **14**, 295—310. Kopenhagen 1907. Z. Pflanzenkrkh. **20**, 45 (1910). — **Reh:** Zoologische Arbeiten der Ksl. biol. Reichsanst. für Land- u. Forstwirtschaft im Jahre 1911. Z. Pflanzenkrkh. **23**, 335 (1913). — **Reichelt, K.:** Der Erbsenblattrandkäfer. *Sitones lineatus*. Die Gartenwelt **28**, 137 (1924). — Report of the Institute of Plant Protection for 1923/24 (9th Year). Lativan Central Agricult. Soc. Riga 1924. R. a. E. **13**, 215 (1925). — Dasselbe 1924/25. Ebenda 1925. R. a. E. **14**, 197 (1926). — Report on the Occurence of Insect and Fungus Pests on Plants in England and Wales in the Year 1917. Bd.: Agricult. Fisheries, London, Miscell. Publ. **1918**, Nr 21. R. a. E. **6**, 508 (1918). — Dasselbe **1920**, Nr 23, 5—15, 29—42. R. a. E. **8**, 154 (1920). — **Reitter, E.:** Fauna germanica. Die Käfer des deutschen Reiches. **5**, Stuttgart 1913. — **Reuter, E.:** 1. Berättelse öfver skadeinsekters uppträdande i Finland år 1897. Landtbruksstyrelsens Meddelanden, Nr 23. Helsingfors 1898. Z. Pflanzenkrkh. **9**, 237 (1899). — 2. Dasselbe 1898. Ebenda **1899**, Nr 26. Z. Pflanzenkrkh **11**, 111 (1901). — 3. Dasselbe 1899. Ebenda **1900**, Nr 32. Z. Pflanzenkrkh. **13**, 223 (1903). — 4. Dasselbe 1900. Ebenda **1901**, Nr 35. Z. Pflanzenkrkh. **13**, 223 (1903). — **Ritzema Bos, J.:** 1. Ziekten en beschadigingen veroorzaakt door Dieren: Insecta Meded. R. Hoogere Land, Tuin en Boschbouwsch. Wageningen **7**, 67—95 (1914). R. a. E. **3**, 198 (1915). — 2. Kurze Mitteilungen über Pflanzenkrankheiten und Beschädigungen in den Niederlanden. Z. Pflanzenkrkh. **4**, 144 (1894). — 3. Kurze Mitteilungen über Pflanzenkrankheiten und Beschädigungen in den Niederlanden im Jahre 1894. Ebenda **5**, 342 (1895). — 4. Instituut voor Phytopathologie te Wageningen. Verslagover Onderzoekingen gedann in-en over Inlichtingen, gegeven vanwege bovengenomed Instituut in het Jahr 1912. Sonderdruck aus Mededeelingen van den Rijks Hoogere Land-, Tuin en Boschbouwschool, VII.Teil. Ebenda **25**, 210 (1915). — 5. Insektenschade in het Voorjaar 1918. Meded. Landbouwhoogeschool, Wageningen, **15**, 68—74 (1918). R. a. E. **7**, 123 (1919). — **Robson, R.:** The Shortage of Clover Seed in Essex in 1917. J. Bd. Agricult. Lond. **25**, 176—179 (1918). R. a. E. **6**, 327 (1918). — **Rörig, G.:** Schädlinge an Hülsenfrüchten. Biol. Reichsanst. Land- u. Forstw. **1915**, Flugbl. 57. — **Rostrup, E.:** 1. Oversigt over de i 1892 indlöbne Forespörgsler angaaende Sygdomme hos Kulturplanter samt Meddelelse om Sygdommenes Optraeden hos Markens Avlsplanter over hele Landes, Nr 9/10. Tidskr. for Landökonomi. Kjöbenhavn 1893. Z. Pflanzenkrkh. **4**, 282 (1894). — 2. Oversigt over Landbrugsplanternes Sygdomme i 1903. Tidsskr. for Landbrugets Planteavl. **11**, 395—421. Kopenhagen 1904. Z. Pflanzenkrkh. **16**, 213—215 (1906). — 3. Dasselbe 1904. Ebenda **12**, 352—376 (1905). Z. Pflanzenkrkh. **17**, 339 (1907). — 4. Dasselbe 1905. Ebenda **13**, 79—105 (1906). Z. Pflanzenkrkh. **17**, 339 (1907). — **Rostrup, S.:** 1. Forsog med sprøjtemidler mod bedelus (*Aphis papaveris*). Beretning fra Statens forsøgsvirksomhed i plantekultur **92**, 234—256. København 1915. R. a. E. **3**, 526 (1915). — 2. Nogle Plantesygdomme forsaarsagede of Dyr, i 1905. Tidsskr. for Landbrugs. Planteavl **13**, 298—315 (1906). Z. Pflanzenkrkh. **19**, 153 (1909). — **Rushkovsky, I. A.:** Entomological Investigations in 1914. Agricultural Improvement Measures of the Zemstvo of the Govt. of Ufa in 1914 (russ.). Ufa 914. R. a. E. **5**, 151 (1917). —

Sajo, K.: Bericht über die in Ungarn in den Jahren 1884—1889 vorgekommenen landwirtschaftlichen Insektenschäden. Z. Pflanzenkrkh. **4**, 150 (1894). — **Schander, R.** u. **F. Krause:** Die Krankheiten und Schädlinge der Erbse. Abt. Pflanzenkrankheiten des Kaiser Wilhelm-Instituts für Landwirtschaft in Bromberg, **1918**, Flugbl. Nr 29/30. — **Schoenherr, C. J.:** 1. Synonymia Insectorum Genera et Species Curculionidum **2**, pt. 1. Paris 1834. — 2. Dasselbe **6**, pt. 1. Paris-Leipzig 1840. — **Schøyen, W. M.:** Beretning om Skadeinsekter og Plantesygdomme i 1902. Kristiania 1903. Z. Pflanzenkrkh. **15**, 326 (1905). — **Schøyen, T. H.:** 1. Beretning over skadeinsekter og plantesygdommer i land- og havebruket 1913 og 1914. Kristiania 1914/15. Z. Pflanzenkrkh. **26**, 105 (1916). — 2. Dasselbe 1915. Kristiania 1916. R. a. E. **4**, 501 (1916). — 3. Dasselbe 1918. Kristiania 1919. Ebenda **7**, 538 (1919). — 4. Beretning om skadeinsektenes optreden i land- og havebruket i årene 1924 og 1925. Oslo 1926. R. a. E. **15**, 236 (1927). — **Sopotzko, A. A.:** Pest of clover in the govt. of Tula during 1910—14. Procedings of the Conference on pests of clover in Central Russia, S. 115—145. Tula 1916. R. a. E. **4**, 293 (1916).

Tempel, W.: Auftreten von Kleestengelbrenner und Kleewurzelhalsfliege. Die kranke Pflanze **1**, 132—133. Dresden 1924. R. a. E. **13**, 319 (1925). — **Theobald:** Board Agricult. Fish. Lond., Leafl. **19**, 1904. — **Tullgren, A.:** Skadedjur i Sverige Åren 1912—1916. Meddelande från Centralanstalten för Jordbruksförsök Nr 152. Entomologiska Avdelningen Nr 27. R. a. E. **6**, 145 (1918).

Urban, C.: Beiträge zur Naturgeschichte einiger Rüsselkäfer. 1. Entomol. Bl. **25**, 16—24 (1929).

Vadas, E.: Die Monographie der Robinie mit besonderer Rücksicht auf ihre forstwirtschaftliche Bedeutung. Selmecbánya 1914. Z. Pflanzenkrkh. **29**, 49 (1919). — **Van Poeteren, N.:** Verslag over de Werkzaamheden van den Plantenziektenkundigen Dienst in het jaar 1924. Verslag en Meded. Plantenziektenk. Dienst **1925**, Nr 41. R. a. E. **13**, 362 (1925). — **Vassiliev, E.:** 1. Entomologischer Teil des Berichts der Entomol. Versuchsstation der Allrussischen Gesellschaft für Zuckerraffinerien für 1912 (russ.). R. a. E. **1**, 485 (1913). — 2. Dasselbe Kiew 1913. Ebenda **1**, 527 (1913). — 3. Zweite Ergänzung zur Liste der tierischen Schädlinge der Luzerne (russ.), Nr 16, 537—539. Kiew 1914. Ebenda **2**, 395 (1914). — **Vinokurov, G. M.:** Preliminary Report on the Investigation of Pests in the Ordubad District of the Govt. of Erivan in 1916. Bull. of the Tiflis-Erivan Kars Bureau for the Control of Pests of Agriculture, Nr 1, 1—18. Tiflis 1916. R. a. E. **5**, 302 (1917).

v. Wahl, C. u. **K. Müller:** Bericht der Hauptstelle für Pflanzenschutz in Baden an der Großherzogl. landwirtschaftl. Versuchsanstalt Augustenberg für das Jahr 1913. Stuttgart 1914. — **v. Wahl, C.:** Schädlinge an der Sojabohne. Z. Pflanzenkrkh. **31**, 194—196 (1921). — **Wahl, B.:** Die wichtigeren tierischen Schädlinge unserer gebräuchlichsten Gemüsearten. Mitt. landw.-bakter. u. Pflanzenschutzstation Wien. R. a. E. **8**, 261 (1920). — **Walton, J.:** Notes on the genus of Insects *Sitona* with descriptions of two new Species. Ann. a. Mag. Nat. Hist. **7**, 227—235 (1846). — **Warburton, C.:** Annual Report of the Zoologist for 1917. J. roy. agricult. Soc. England, **78**, 209—219. London 1917. R. a. E. **6**, 435 (1918). — Dasselbe 1919. Ebenda **80**, 411—417 (1919). R. a. E. **8**, 351 (1920). — Dasselbe

1920. Ebenda **81**, 247—253 (1920). R. a. E. **9**, 487 (1921). — Dasselbe 1924. Ebenda **85**, 442—447 (1924). R. a. E. **13**, 369 (1925). — Dasselbe 1926. Ebenda **87**, 352—356 (1926). R. a. E. **15**, 364 (1927). — **Woroniecka, J.:** Landwirtschaftliche Schädlinge in Pulawy und Umgebung im Jahre 1923 (poln., mit engl. Zus.) Mem. Istl. nat. polon. Econ. rur. Pulawy **4**, pt. A, 341—359. Krakow 1923. R. a. E. **13**, 146 (1925).

Zacher, F.: Untersuchungen über Schädlingsbekämpfung mit Blausäure. Mitt. biol. Reichsanst. Land- u. Forstw. Berlin H. **17**, 31—37 (1919). — **Zimmermann:** Bericht der Hauptstelle Rostock für Pflanzenschutz in den Gebieten Mecklenburg- Schwerin und Mecklenburg-Strelitz im Jahre 1907. Z. Pflanzenkrkh. **19**, 172 (1909). — **Zolotarevsky, B. N.:** Vorläufiger Bericht über entomologische Arbeiten im Jahre 1914. Veröffentlicht durch die Stavropol-Kaukasische landwirtschaftliche Versuchsstation der Behörden von Stavropol (russ.). Stavropol 1915. R. a. E. **3**, 480 (1915).

Zeitschrift für wissenschaftliche Biologie

Abteilung F

Zeitschrift für Parasitenkunde

Herausgegeben von

L. K. Böhm (Wien) F. Flury (Würzburg) O. Grütz (Elberfeld) A. Hase (Berlin) W. Nöller (Berlin)
H. Prell (Tharandt) Ed. Reichenow (Hamburg) P. Schulze (Rostock) C. Stapp (Berlin)
H. Graf Vitzthum (Berlin) H. W. Wollenweber (Berlin)

Redigiert von

A. Hase - Berlin

Die Zeitschrift erscheint zwanglos in einzeln berechneten Heften
4—5 Hefte werden zu einem Band von etwa 800 Seiten vereinigt
Jährlich etwa 1 Band. 1931: 3. Band

Die zuletzt erschienenen Hefte des dritten Bandes enthalten folgende Arbeiten:
Zur Ätiologie der Streifen- und Kräuselkrankheit des Tabaks. Von Karl Böning. (Mit 24 Textabbildungen.) — **Paraspidodera americana n. sp. parasitic in a South American rodent.** Von M. Khalil and E. G. Vogelsang. (With 4 figures in the text.) — **On a new species of Paraspidodera, P. uruguaya sp. n.** Von M. Khalil and E. G. Vogelsang. (With 2 figures in the text.) — **Über eine neue Myxobolus-Art aus dem Zander nebst einigen Bemerkungen über Henneguya acerinae (Schröder).** Von Karel Schäferna und Otto Jírovec. (Mit 14 Textabbildungen.) — **Beiträge zur Entwicklungsgeschichte der Holostomiden. IV. Die Cercarie des Entenparasiten Apatemon (Strigea) gracilis Rud. und ihre Entwicklung im Blutgefäßsystem des Zwischenwirtes (Herpobdella atomaria Car.).** Von Lothar Szidat. (Mit 13 Textabbildungen.) — **Über die Wirkung der Anthelminthica auf die Wanderung der Ascaridenlarven.** Experimentelle Untersuchungen. Von G. G. Smirnow. — **Zur Biologie und zur Bekämpfung der Hautbremse (Hypoderma bovis de Geer.).** Von D. J. Blagoweschtschensky und W. N. Pawlowsky. (Mit 2 Textabbildungen.) — **Eine seltene, ungenügend beschriebene Basilia-Art (Diptera pupipara) aus Venezuela.** Von J. H. Schuurmans Stekhoven jr. (Mit 6 Textabbildungen.) — **Über die Lebensgewohnheiten einer Fledermausfliege in Venezuela; Basilia bellardii Rondani (Fam. Nycteribiidae-Diptera pupipara).** Beiträge zur experimentellen Parasitologie 5. Von Albrecht Hase. (Mit 17 Textabbildungen.) — **Über die Eier und über die Larven des Fledermausflohes Myodopsylla.** Beiträge zur experimentellen Parasitologie 6. Von Albrecht Hase. (Mit 4 Textabbildungen.) — **Fusarium - Monographie. Fungi parasitici et saprophytici.** Von H. W. Wollenweber. (Mit 71 Textabbildungen.)

VERLAG VON JULIUS SPRINGER / BERLIN